美しき貝の博物図鑑
ENCYCLOPEDIA OF SHELLS VARIATION
色と模様、形のバリエーション／フリーク／ハイブリッド

池田 等 ［著・所蔵］
松本泰裕 ［写真］

成山堂書店

はじめに

貝の造形や色彩の美しさに，人は太古の昔から魅了されてきた。それは人の発想を超えた「生の芸術」を具象しているからといえよう。自然物のなかで，とりわけ貝からは崇高な力が感じられるように思える。

生涯，相模湾で貝を収集し，昭和天皇の貝類調査に寄与した猛者，細谷角次郎氏は「いろいろやったが貝に落ち着いた」と語っている。深く貝に惹かれて，止められず，終生続けていくことになった状況が伝わる。「たかが貝」と言われることもあるのに，なぜ貝にこれほどの魔力があるのだろうか？ひとつはいうまでもなく圧倒的な種類の多さである。貝が好きになると多くの人は収集に始まり，やがて深みにはまっていく。ところが，10万種以上という壁に阻まれ，ただ単に集めることだけに挑戦しても，一生のうちには網羅できない。それでも止めずに続けてしまうのは人の本性かもしれない。この果てしない行為も貝との繋がりを切れなくしている。すでに古代エジプトに「神は人の寿命内に貝を収集するための時間を計算していなかった」という名言がある。
このように貝の多種性は特有で，奥深いものである。だが，各種が備え持つ多彩な色彩や形態の個体変異の存在も大きい。これらが無限に鏤められ，貝の趣を一段と深めている。

本書に掲載された貝類のすべては，著者自身が永年かかって収集したコレクションから抽出したものである。自然の意匠を楽しむため，通常の貝類図鑑では詳しく表しきれない同一種内の色，模様，形のバリエーションを中心に構成した。貝を選ぶにあたっては「普通種」を贔屓し，有名希少種へのこだわりを捨てた。種名調べの本としては物足りなさを感じるかもしれないが，このような企画は本書が第一号であり，未公開の標本写真や知見が多々含まれている。本書を通して，多くの方々に貝の魅力を堪能していただきたい。

本書の出版にあたって，発行を快諾してくださった成山堂書店の小川典子社長，終始御指導を賜った編集の小林僚太郎氏，撮影の松本泰裕氏，ならびに校正などにご尽力いただいた加藤啄矛氏に感謝申し上げる。また，これまでの貝類収集調査にご協力をいただいている漁業関係者や，内外の貝友に厚くお礼を申し上げる。

池田　等

chapter 1 color
色

さまざまな色を持つ貝
クロアワビ［黒鮑］..........12
マダカアワビ［眼高鮑］..........13
メガイアワビ［雌貝鮑］..........13
メガイアワビ［雌貝鮑］..........14
オキナエビス［翁恵比須］..........15
マキアゲエビス［巻上恵比須］..........15
チグサガイ［千種貝］..........16
スカシガイ［透貝］..........16
アシヤガマ［葦屋釜］..........16
サザエ［栄螺］..........17
ボウシュウボラ［房州法螺］..........18
アカニシ［赤螺］..........19
ヒオウギ［檜扇］..........20
アズマニシキ［吾妻錦］..........22
イタヤガイ［板屋貝］..........24
ヒヨクガイ［比翼貝］..........25
ハナイタヤ［花板屋］..........25
エゾキンチャク［蝦夷巾着］..........26
キンチャクガイ［巾着貝］..........27
リュウキュウナデシコ［琉球撫子］..........28
インドアオイ［印度葵］..........28
リュウキュウアオイ［琉球葵］..........28
カキツバタ［燕子花］..........29
ショウジョウガイ［猩々貝］..........30
ウミギク［海菊］..........32
フトウネトマヤ［太畝苫屋］..........33
カバザクラ［樺櫻］..........34
ベニガイ［紅貝］..........34
アシガイ［葦貝］..........35
ベニハマグリ［紅蛤］..........35

左右の色違い
ヒオウギ［檜扇］..........36
アカザラ［赤皿］..........36

カバトゲウミギク［樺棘海菊］...............37	ホソウミニナ［細海蜷］..........................47	テングニシ［天狗螺］..........................53
	マンジュウガイ［饅頭貝］......................47	ヤシガイ［椰子貝］...............................54
染め分けられた貝	ウチヤマタマツバキ［内山玉椿］..........47	イトマキボラ［糸巻法螺］.....................54
イタヤガイ［板屋貝］............................38	ダテスズカケ［伊達鈴掛］.....................47	ツノヤシガイ［角椰子貝］.....................54
アズマニシキ［吾妻錦］........................38	ヤセツブリボラ［痩紡車利法螺］..........47	イトマキヒタチオビ［糸巻常陸帯］.....54
ヒオウギ［檜扇］....................................38	ピンクガイ［ピンク貝］........................48	ヤヨイハルカゼ［弥生春風］.................55
ナガザル［長笊］....................................39	ソデボラ［袖法螺］...............................48	イナヅマコオロギ［稲妻蟋虫］.............55
ヤスリメンガイ［鑢面貝］.....................39	クモガイ［蜘蛛貝］...............................49	オボロモミジボラ［朧紅葉法螺］.........55
ミズイリショウジョウ［水入猩々］.....39	スイショウガイ［水晶貝］.....................49	イグチガイ［猪口貝］...........................55
トコブシ［床臥］....................................40	シドロ［志登呂］...................................49	ヒオウギ［檜扇］...................................56
キナノカタベ［喜納片部］.....................40	ルリガイ［瑠璃貝］...............................49	イタヤガイ［板屋貝］...........................56
リンボウガイ［輪宝貝］........................40	ハツユキダカラ［初雪宝］.....................49	ホタテガイ［帆立貝］...........................56
ソメワケカタベ［染分片部］.................40	ワダチウラシマ［轍浦島］.....................50	ウミギク［海菊］...................................57
コシダカガンガラ［腰高岩殻］.............41	ナンバンカブトウラシマ	タマキガイ［玉置貝］...........................57
ツメタガイ［津免多貝］........................41	［南蛮兜浦島］.................................50	ネッタイザル［熱帯笊］.......................57
	タイコガイ［太鼓貝］...........................50	イシカゲガイ［石陰貝］.......................57
殻口の色違い	カブトウラシマ［兜浦島］....................50	ナミノコ［浪之子］...............................57
スイジガイ［水字貝］...........................42	スジウズラ［筋鶉］...............................51	ワスレガイ［忘貝］...............................57
スイショウガイ［水晶貝］....................42	トキワガイ［常盤貝］...........................51	オオモモノハナ［大桃之花］................58
スルガバイ［駿河蜊］...........................43	ミヤシロガイ［宮代貝］........................51	サクラガイ［櫻貝］...............................58
バイ［蜊］..43	ウズラミヤシロ［鶉宮代］....................51	チョウセンハマグリ［朝鮮蛤］............58
レイシガイ［茘枝貝］...........................43	オオナルトボラ［大鳴門法螺］............52	アサリ［浅蜊］.......................................58
コロモガイ［衣貝］...............................43	チリメンナルトボラ	ウチムラサキ［内紫］..........................59
	［縮緬鳴門法螺］.............................52	
殻口の白化（クチジロ）	ミナミゴウシュウボラ	
ダイオウガンゼキ［大王岩石］............44	［南豪州法螺］.................................52	
シワクチナルトボラ	イソバショウ［磯芭蕉］........................52	
［皺口鳴門法螺］.............................44	イセヨウラク［伊勢瓔珞］....................52	
アカニシ［赤螺］...................................45	ミクリガイ［三繰貝］...........................53	
	トウイト［唐糸］...................................53	
アルビノ	ミカドミクリ［御門三繰］....................53	
オキナエビス［翁恵比須］....................46	ネムリガイ［眠貝］...............................53	
ベニオキナエビス［紅翁恵比須］........46	ナサバイ［ナサ蜊］...............................53	
ナツモモ［楊梅］...................................46	シマミクリ［縞三繰］...........................53	
サザエ［栄螺］.......................................46	コオニコブシ［小鬼拳］........................53	

chapter 2 pattern
模様

さまざまな模様を持つ貝
トコブシ [床臥] 64
ヨメガガサ [嫁ケ笠] 65
マツバガイ [松葉貝] 66
ニシキウズ [錦渦] 67
イシダタミ [石畳] 67
タマキビ [玉黍] 67
ダンベイキサゴ [団平喜佐古] 68
サラサバイ [更紗蜠] 68
リュウテン [竜天] 69
タツマキサザエ [竜巻栄螺] 69
ゴシキカノコ [五色鹿之子] 70
キムスメカノコ [生娘鹿之子] 70
メダカラガイ [眼宝貝] 71
ウラシマダカラ [浦島宝] 71
ヤツシロガイ [八代貝] 72
ミヤシロガイ [宮代貝] 73
タイコガイ [太鼓貝] 74
コダイコガイ [小太鼓貝] 75
オトヒメカズラ [乙姫鬘] 75
ナガカズラ [長鬘] 75
タマウラシマ [玉浦島] 76
ウラシマ [浦島] 76
ウネウラシマ [畝浦島] 76
スベリウラシマ [滑浦島] 77
ヒナヅル [雛鶴] 77
イナヅマタイコ [稲妻太鼓] 77
バイ [蛽] 78

チョウセンフデ [朝鮮筆] 79
ベッコウイモ [鼈甲芋] 80
マダライモ [斑芋] 81
アカシマミナシ [赤縞身無] 81
ホンヒタチオビ [本常陸帯] 82
ジュドウマクラ [寿頭枕] 83
アサリ [浅蜊] 84
ヒメアサリ [姫浅蜊] 84
ハマグリ [蛤] 85
チョウセンハマグリ [朝鮮蛤] 86
マツヤマワスレ [松山忘] 86
ヒヨクガイ [比翼貝] 87
ニシキガイ [錦貝] 87

放射線模様や雲型模様が入った貝
ヒメヒオウギ [姫檜扇] 88
ヒオウギ [檜扇] 89
ヌノメガイ [布目貝] 89
ニュージーランドイタヤ
　[ニュージーランド板屋] 89
タマキガイ [玉置貝] 89
ツキヒガイ [月日貝] 90

三角模様が入った貝
ツボイモ [壺芋] 92
タガヤサンミナシ [鉄刀木身無] 92
サラサガイ [更紗貝] 93
マルオミナエシ [丸女郎花] 93

不思議な模様
ハナイタヤ [花板屋] 94
マツバガイ [松葉貝] 95
ベニタケ [紅竹] 96
ガクフボラ [楽譜法螺] 96

直線が入った貝
ベンケイガイ [弁慶貝] 97

模様を欠いた貝
ヤツシロガイ [八代貝] 98
ゴマフダマ [胡麻玉] 98
クロユリダカラ [黒百合宝] 98
ウラシマ [浦島] 98
シマミクリ [縞三繰] 98
ホンヒタチオビ [本常陸帯] 99
イトマキヒタチオビ [木目常陸帯] 99
モクメヒタチオビ [木目常陸帯] 99
クロフモドキ [擬黒斑] 100

模様の乱れ
ナンヨウクロミナシ [南洋黒身無] 100
カノコダカラ [鹿之子宝] 100

chapter 3 form
形

さまざまな形を持つ貝
- クロアワビ［黒鮑］.............................. 106
- メガイアワビ［雌貝鮑］..................... 106
- ツタノハガイ［蔦之葉貝］................. 107
- ウノアシ［鵜之脚］.............................. 107
- ヘソアキクボガイ［臍開久保貝］....... 108
- クボガイ［久保貝］.............................. 108
- ハリサザエ［針栄螺］.......................... 108
- ヒラサザエ［平栄螺］.......................... 109
- サザエ［栄螺］...................................... 110
- チョウセンサザエ［朝鮮栄螺］........... 112
- オオヘビガイ［大蛇貝］....................... 113
- ナンバンカブトウラシマ
  ［南蛮兜浦島］.................................. 114
- ニクイロカブトウラシマ
  ［肉色兜浦島］.................................. 114
- カブトウラシマ［兜浦島］................... 114
- オオナルトボラ［大鳴門法螺］........... 115
- コナルトボラ［小鳴門法螺］............... 115
- イセヨウラク［伊勢瓔珞］................... 116
- イソバショウ［磯芭蕉］....................... 116
- レイシガイ［荔枝貝］.......................... 116
- センジュガイ［千手貝］....................... 117
- オニサザエ［鬼栄螺］.......................... 117
- センニンショウジョウ［仙人猩々］...118
- カゴガイ［籠貝］.................................. 119
- チヂミイワホリガイ［縮岩掘貝］.......119

細型と太型
- オキナエビス［翁恵比須］................... 120
- ベニシリダカ［紅尻高］....................... 120
- ハリサザエ［針栄螺］.......................... 120
- ヒダトリガイ［襞取貝］....................... 120
- ウラシマ［浦島］................................... 121
- フジツガイ［藤津貝］.......................... 121
- ナガカズラ［長鬘］.............................. 121
- シノマキ［篠巻］.................................. 121
- ボウシュウボラ［房州法螺］............... 122
- スギタニセコバイ［杉谷世古蜷］....... 122
- センジュモドキ［擬千手］................... 122
- レイシガイ［荔枝貝］.......................... 123
- ホンヒタチオビ［本常陸帯］............... 123
- ミガキボラ［磨法螺］.......................... 123
- コロモガイ［衣貝］.............................. 123

フリーク
- マダカアワビ［眼高鮑］....................... 124
- メガイアワビ［雌貝鮑］....................... 124
- クロアワビ［黒鮑］.............................. 125
- マダカアワビ［眼高鮑］....................... 125
- クズヤガイ［葛屋貝］.......................... 126
- ヨメガガサ［嫁ケ笠］.......................... 126
- マツバガイ［松葉貝］.......................... 126
- ベニシリダカ［紅尻高］....................... 126
- ニシキウズ［錦渦］.............................. 126
- ギンタカハマ［銀高浜］....................... 126
- リュウキュウカタベ［琉球片部］........ 127
- サザエ［栄螺］...................................... 127
- リンボウガイ［輪宝貝］....................... 128
- ハリナガリンボウ［針長輪宝］........... 129
- ホソウミニナ［細海蜷］....................... 130
- タケノコカニモリ［笋蟹守］............... 130
- センニンガイ［仙人貝］....................... 130
- ツマベニヒガイ［褄紅杼貝］............... 131
- ウミウサギ［海兎］.............................. 131
- タルダカラ［樽宝］.............................. 132
- ハラダカラ［原宝］.............................. 132
- ホシダカラ［星宝］.............................. 133
- エビスボラ［恵比須法螺］................... 134
- スイショウガイ［水晶貝］................... 134
- マイノソデ［舞之袖］.......................... 134
- オハグロガイ［鉄漿貝］....................... 134
- マガキガイ［籬貝］.............................. 135
- スイジガイ［水字貝］.......................... 136
- クモガイ［蜘蛛貝］.............................. 138
- ムカデソデ［百足袖］.......................... 140
- サソリガイ［蠍貝］.............................. 142
- フシデサソリ［節出蠍］....................... 143
- ラクダガイ［駱駝貝］.......................... 144
- カズラガイ［葛貝］.............................. 145
- ナガカズラ［長鬘］.............................. 145
- カンコ［諌鼓］...................................... 145
- トウカムリ［唐冠］.............................. 146
- カコボラ［加古法螺］.......................... 148
- クロフフジツ［黒斑藤津］................... 148
- フジツガイ［藤津貝］.......................... 148
- マツカワガイ［松皮貝］....................... 149
- ブラジルコウモリボラ
  ［ブラジル蝙蝠法螺］....................... 149
- カブトアヤボラ［兜綾法螺］............... 149
- アカニシ［赤螺］................................... 150

- イチョウガイ［銀杏貝］....................... 150
- コセンジュガイ［小千手貝］............... 150
- ホネガイ［骨貝］.................................. 151
- チョウセンボラ［朝鮮法螺］............... 152
- バイ［蛽］.. 152
- ベンガルバイ［ベンガル蛽］............... 152
- イトマキボラ［糸巻法螺］................... 153
- ナガニシ［長螺］.................................. 154
- ホンヒタチオビ［本常陸帯］............... 155
- ニシキヒタチオビ［錦常陸帯］........... 155
- ベニイモ［紅芋］.................................. 156
- ベッコウイモ［鼈甲芋］....................... 156
- リシケイモ［リシケ芋］....................... 156
- ゴマフイモ［胡麻斑芋］....................... 156
- イタチイモ［鼬芋］.............................. 156
- リュウキュウタケ［琉球竹］...............157
- サツマアカガイ［薩摩朱貝］...............157
- アラスジケマンガイ
  ［荒筋華鬘貝］................................. 157
- ナガザル［長笊］...................................157

逆旋個体
- シロヘソアキトミガイ
  ［白臍開富貝］................................. 158
- ノシメガンゼキ［熨斗目岩石］........... 158
- コオニコブシ［小鬼拳］....................... 158
- ネジボラ［螺旋法螺］.......................... 159
- チョウセンボラ［朝鮮法螺］............... 160
- チヂミエゾボラ［縮蝦夷法螺］........... 160
- アツテングニシ［厚天狗辛螺］........... 161
- ナガテングニシ［長天狗辛螺］........... 161
- サイヅチボラ［才槌法螺］................... 161
- ヤシガイ［椰子貝］.............................. 162
- イナヅマコオロギ［稲妻蟋虫］........... 163
- トウコオロギ［唐蟋蟀］....................... 164
- オボロボタル［朧蛍］.......................... 164
- セイジトリノコガイ
  ［青磁鳥子貝］................................. 164
- コンゴウトリノコガイ
  ［金剛鳥子貝］................................. 164
- ダイオウマイマイ［大王蝸牛］........... 165
- アフリカマイマイ［アフリカ蝸牛］...... 165
- ルソンタニシモドキ
  ［ルソン擬田螺］............................. 165

5

chapter 4 hybrid
ハイブリッド（掛け合わせ）

- クロアワビ［黒鮑］× マダカアワビ［眼高鮑］..................170
- クロアワビ［黒鮑］× メガイアワビ［雌貝鮑］..................171
- クモガイ［蜘蛛貝］× ラクダガイ［駱駝貝］..................172
- クモガイ［蜘蛛貝］× ムカデソデ［百足袖］..................173
- ムカデソデ［百足袖］× ラクダガイ［駱駝貝］..................174
- クモガイ［蜘蛛貝］× サソリガイ［蠍貝］..................175
- スイジガイ［水字貝］× クモガイ［蜘蛛貝］..................176
- スイジガイ［水字貝］× ラクダガイ［駱駝貝］..................177
- サソリガイ［蠍貝］× フシデサソリ［節手蠍］..................178
- フシデサソリ［節手蠍］× ムカデソデ［百足袖］..................179
- ゴホウラ［護宝螺］× ヒメゴホウラ［姫護宝螺］..................180
- イボソデ［疣袖］× オハグロイボソデ［鉄漿疣袖］..................181

column

- 打ち上げ貝とビーチコーミング 60
- 貝の保管 101
- 貝の価値 166

貝とは

「貝」とは，学問的に軟体動物（Mollusca）に属するものをいう。軟体動物には大半が貝殻をもたないウミウシ類やタコなども含まれるが，巻貝や二枚貝など，貝殻をもつものを一般的に「貝」と呼ぶことが多い。

分類学の歴史が浅かった時代には，カメノテやフジツボ類（節足動物），シャミセンガイやチョウチンガイ類（腕足動物），カンザシゴカイ類（環形動物）なども貝に含まれていた。また軟体動物ではないがイガグリガイ（刺胞動物）センスガイ（刺胞動物），モミジガイ（棘皮動物）など「カイ」の名がついたものもある。英語でいう Shell は，これらの他にカニやカメの甲なども指していう。

現在，軟体動物は，尾腔綱（ケハダウミヒモなど），溝腹綱（カセミミズなど），多板綱（ヒザラガイ類），単板綱（ネオピリナ類），腹足綱（サザエ，カタツムリなどの巻貝，ウミウシ類など），頭足綱（タコ・イカ・オウムガイ類），掘足綱（ツノガイ類），二枚貝綱（アサリなど二枚貝），の8グループに分けられている。

貝の現生種は世界で10万種以上，日本には1万種近くが生息しているものと思われ，その生息域は海ばかりでなく，陸（山，洞窟，温泉，庭），淡水（湖沼，河川）に及ぶ。

これらのうち殻長が世界最大のものは，二枚貝では西太平洋に分布するオオシャコガイ *Tridacna gigas* で136cmに達し，巻貝ではオーストラリア北部にいるアラフラオオニシ *Syrinx aruanus* が77cmになる。またフィリピンで見られるエントツガイ *Kuphus polythalamia* の棲管は150cmに及び，世界最長となる。

日本で最も大きいのは，二枚貝のヒレナシジャコ *Tridacna derasa* で殻長60cmに達し，巻貝ではホラガイ *Charonia tritonis* が45cmを超える。一方，微小な貝には，殻径0.5mmしかないミジンワダチガイ *Ammonicera japonica* などがある。

凡例
1. 本書に掲載した貝類標本は全て著者のコレクションである。
2. 学名は概ね「日本近海産貝類図鑑・第二版」（奥谷喬司編著, 2017）に従った。
3. 色，模，様形の項に複数にわたって掲載されている種類もある。
4. 本書中に取り上げている種類は，解説文中では学名を省いてある。
5. 種名の解説文については以下である。
   - 図示標本が2個体以上ある場合の殻のサイズは最小〜最大値を記してある。（ただし，アルビノやフリークなどは除く）
   - 標本写真は真上からではなく，角度を変えて撮影したものが多い。図示されたものは，見た目の大きさに誤差が出るので，殻長，殻幅の表示は省いた。
   - アルビノやフリークなどの場合の殻のサイズは，これらの変異体を示し，比較用の正常個体は含まない。

貝の部分名称

chapter 1 color

色

まるで人工的に色を付けたように，10色以上もに枝分かれするカラフルなヒオウギガイ。なぜ同じ種類なのに異なる色を持つようになったのか，色を決める要素は何か――。多種多様な姿を見せる色の不思議を見ていきましょう。

ミドリパプア
Papuina pulcherrima

赤，黄，紫，緑など純色の貝を見て，あたかも着色されたかのように思う人は多い。今も昔も人が貝の色に惹かれることは，和名からもわかる。アカニシ（赤螺），キイロダカラ（黄色宝），ムラサキガイ（紫貝），アオガイ（青貝），ミドリパプア（緑パプア），シロレイシ（白茘枝），クロミオキニシ（黒味沖螺），ベニガイ（紅貝），ギンエビス（銀恵比寿）等々があげられる。いっぽう寿司種として知られるアカガイ *Scapharca broughtonii* の名は軟体部に赤い血液を持つことにより，クロアワビは軟体が他のアワビより黒味を帯びることによる。

貝殻の色は色素によるものと構造色とがある。色素は生体色素で，貝殻が形成されるとき，外套膜からその主成分の炭酸カルシウムが分泌されると同時にコンキオリンと結合した色素が組み込まれる。

構造色は何重にも重なった貝殻の層の間で光の屈折や干渉が起こることによって生じる。昆虫のタマムシやモルフォチョウなどが輝く仕組みと同様である。原始的な種類とされるオキナエビスやアワビなどの巻貝，二枚貝ではオオキララ *Acila divaricata* やアコヤガイ *Pinctada martensii* など真珠層が発達したものに見られる。

発色の仕組みはよくわかっていないが，殻色の個体差は，サザエやアワビなどの藻食性貝類に顕著で，特定の餌を与えて養殖された貝を見れば明らかである。海藻の種類は各海域で

キイロダカラ
Cypraea moneta

ムラサキガイ
Soletellina diphos

違うため殻色に変化が見られる。

◆同種内における色のバリエーション

貝殻の色は種によってほぼ決まっているが，いくつもの違う色を持つ種類もある。これは二枚貝のイタヤガイ科などに顕著である。また元来左右が同色のはずのヒオウギなどが左右で色違いになったり，一枚の殻が色分けされたり，綺麗な放射線模様が入った個体もある。

殻の成長とともに色が変わる種類もある。ミズイリショウジョウの若い個体は，赤色や黄色をしているが，ある大きさを超えると白一色になる。ヒレジャコ Tridacna squamosa にも若いとき黄色や薄橙色をしているものがあり，それらも大型になるとほとんどが白色になる。これらは遺伝的要因による。

同種間で殻色が変わるものに，水深や底質の違いが原因と考えられるものがある。たとえば岩礁か砂地か，あるいは水深によって餌も変わり，水深の差では太陽光の影響も変わってくる。その一例としてカコボラがあげられ，潮下帯から水深 10m 付近にいる個体は茶褐色をしているが，100m 以深では淡黄色になる。

◆アルビノ

動物の色素がつくられる過程のどこかで突然変異や遺伝子の欠損により，体色が白色や淡い色になった個体をアルビノ（Albino）という。貝の場合は殻の白化を指し，白化しきれず微かに中に模様の形跡が残る個体や，殻口など一部だけ白化した個体がある。貝では頻繁にあるものではないが，ソデボラやコオニコブシのようにわりと見られる種類もある。

◆色の意味

貝の色に関して話題にのぼるのが水平分布である。これは貝に限らず，他の生物にも敷衍できる。一般に低緯度の熱帯海域周辺の浅海性貝類は色鮮やかであり，高緯度帯のものは地味である。

陸産貝類のカタツムリも熱帯では美しい。これは太陽光と関係があるといわれる。しかし高緯度の寒帯海域でも少ないながらエゾキンチャクのように華やかな色を持つものもある。低緯度では種類数が多く，他の生物との競合が激しいことと色との関係があるのかもしれない。

垂直分布で見ると，低緯度帯の貝がみな美しいわけではない。干潟の貝は決して派手ではなく，深海にすむ貝類は，地味な色をしたものが多い。では貝殻の色がどのような意味を持つのだろう

シロレイシ
Mancinella siro

クロミオキニシ
Bursa lmarckii

アカニシ
Rapana venosa

か。これについての意義はよくわかってない。必ずしも捕食者が色を感知できるとは限らず，水中で見える色は水深によっても変わる。

　ヒオウギの色を思い浮かべるが，魚やタコなどの外敵の視覚にどう映るのか。もし付着生物が付かない状態で周囲に似た原色の生物が多ければ目立たないとも考えられる。しかし，自然界では付着生物が殻を覆うことが多く，これでは鮮やかな色は隠され，色の意味は失われてしまう。

　アカニシのように巻貝の殻口（かくこう）が派手なものがあるが，これは威嚇（いかく）の効果があるのだろうか？　辛口は外套膜に覆われるため付着生物に侵されず色艶も保たれる。普段は伏せていたり，砂に潜っていたりして見えないが，攻撃や，潮流によって転がったとき，捕食者に殻口を向けることは多い。

　色に意味があると考えられる種類もある。たとえばアカウニヤドリニナ Pelseneeria castanea は宿主のアカウニと同色の殻を持ち，保護色と解釈できるだろう。

　また，干潟のウミニナ類や磯にいるタマキビなどは生息環境の色合いに近いし，砂地にいるキサゴ Umbonium costatum も砂の色に似ている。

　殻の色は，遺伝情報，環境要因によって決まり，結果的に防御に役立つ色と，生存に関係ないものとになると考えられ，後者には貝殻が色以外の防御を前提としたものとまったく偶然によるものがあるといえるだろう。

◆殻色の経年変化

　貝を収集し，保管するうえで，変色は気になるところである。変色を免れるためにカビや紫外線の防御など考えを考えた適切な保管をしても，経年による褪色を防ぐことは不可能に近い。光や空気を遮断すれば色素の分解は起こりにくいが，貝の保存に当てはめることは無理である。長らく庭に放置した貝や，海で拾った貝が数十万年前の化石より，色あせていたという経験を持つ方には理解できるだろう。

　殻色の変化について具体的な例をあげてみると，一見変色しそうなサクラガイやベニガイだが箱に入れておけば数十年を経ても色は保存され，ヒオウギやツキヒガイにいたっては，陽にさえ当てなければほとんど変色しない。何といってもボウシュウボラのように重厚で褐色系の貝は変化しにくいといえる。

　いっぽうタカラガイは生きた個体を標本にしても，時が経つと水分を失って色が薄れる。またクモガイやサソリガイの殻口に稀に見る紫色や黄色は，いかなる手だてをしても数年で色が消えてしまい，コレクターに悔やまれる。

ギンエビス
Ginebis argenteonitens

ルリガイ
Janthina prolongata

さまざまな色を持つ貝

異なる種類かと見紛うばかりの多彩な色に変化する貝。

クロアワビ［黒鮑］
Haliotis dicus dicus Reeve, 1846
ミミガイ科 Haliotidae

老成すると殻高が増す。岩礁の穴など暗い場所を好み，匍匐速度はマダカアワビ，メガイアワビより早い。軟体部に黒味が強いのでこの名がある（p105,p125,p170,p171）。北海道南部（太平洋側は茨城県以南）から九州に分布し，潮間帯～水深20mの岩礁に生息。【相模湾産：12〜16㎝】

■ chapter 1 color ■

マダカアワビ［眼高鮑］
Haliotis madaka（Habe, 1979）
ミミガイ科 Haliotidae

かつては重量約 4kg の個体が水揚げされたこともあり，本種は日本産アワビ類中最大で，殻長 25cm に達する。大型個体は定住し，岩礁に付着痕跡をつくる（p124,p125,p170）。北海道南部（太平洋側は房総半島以南）から九州に分布し，潮下帯〜水深 50m の岩礁に生息。【相模湾産：（右）18cm，（左）10cm】

メガイアワビ［雌貝鮑］
Haliotis gigantea Gmelin, 1791
ミミガイ科 Haliotidae

アワビ類は餌とした海藻の種類によって殻の色彩が変わる。殻長 23cm に達し，老成個体は円形に近くなる（p14,p106,p124,p171）。北海道南部（太平洋側は房総半島以南）から九州に分布し，潮下帯〜水深 30m に生息。【相模湾産：11〜14cm】

メガイアワビ [雌貝鮑]
Haliotes gigantea Gmelin, 1791
ミミガイ科 Haliotidae

殻の内面は日本のアワビ類中もっとも美しく，カリフォニアからメキシコに分布するクジャクアワビ H.fulgens に劣らない個体もある。青緑色の真珠光沢は老成個体に見ることが多い（p13,p106,p124,p171）。北海道南部（太平洋側は房総半島以南）から九州に分布し，潮間帯〜水深 20m の岩礁に生息。【相模湾産：12〜16cm】

■ chapter 1 color ■

オキナエビス［翁恵比須］
Mikadotrochus beyrichii（Hilgendorf, 1877）
オキナエビス科 Pleurotomariidae
殻長，殻径ともに11cmに達し，殻の色彩には赤紅味の濃いものと薄いものとがある。分布の中心は相模湾周辺。チョウジャガイ(長者貝)の別名がある。(p46, p120)。房総半島，相模湾，伊豆諸島，小笠原，紀伊半島に分布し，水深50〜200mの岩礁に生息。【相模湾産：7〜8cm】

マキアゲエビス［巻上恵比須］
Turcica corrensis Pease, 1860
ギンエビス科 Calliotropidae
通常は褐色の個体が多いが，白色と黒褐色が混ざったものや，赤色系の個体もある。底曳網，底刺網で得られる。北海道南部から東シナ海に分布し，水深50〜200mの砂礫底，岩礁に生息。【相模湾産：3〜4cm】

チグサガイ ［千種貝］
Cantharidus japonicus（A. Adams, 1853）
ニシキウズ科 Trochidae

殻は比較的薄く，殻長2cmを超える。赤色系から黄色系のほか模様のある個体まであり，種内における色，模様の変異が多い。北海道南部から九州に分布し，潮下帯〜水深20mの岩礁に生息。【相模湾産：1.5〜2cm】

スカシガイ ［透貝］
Macroschima cuspidatum（A. Adams, 1851）
スカシガイ科 Fissurellidae

殻には細長い頂孔があり，通常の殻表は灰黒色をしている。本種に似るヒラスカシガイ *M.dilatatum* は小型で頂孔が殻長の半分を占める。岩手県・牡鹿半島以南に分布し，潮間帯〜5mの岩礁に生息。【相模湾産：2.5〜3cm】

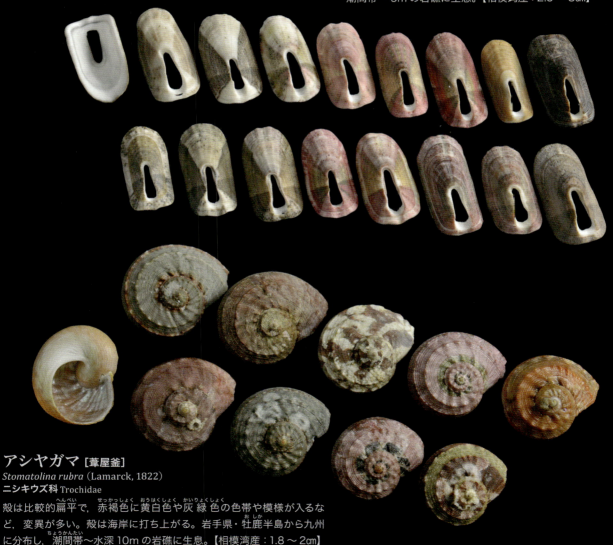

アシヤガマ ［葦屋釜］
Stomatolina rubra（Lamarck, 1822）
ニシキウズ科 Trochidae

殻は比較的扁平で，赤褐色に黄白色や灰緑色の色帯や模様が入るなど，変異が多い。殻は海岸に打ち上がる。岩手県・牡鹿半島から九州に分布し，潮間帯〜水深10mの岩礁に生息。【相模湾産：1.8〜2cm】

■ chapter 1 color

サザエ［栄螺］
Turbo sazae Fukuda, 2017
サザエ科 Turbinidae

本種は餌とする海藻の違いで殻色が変わる。カジメなどの褐藻類では緑がかり，紅藻類では褐色や赤系の色になる（p46，p110，p127）。北海道南部（太平洋側は房総半島以南）から九州，朝鮮半島に分布し，潮下帯〜水深50mの岩礁に生息。【相模湾産：7〜15cm】

ボウシュウボラ［房州法螺］
Charinia lampas sauliae（Reeve, 1844）
フジツガイ科 Ranellidae

大型種で殻長30㎝以上に達する。通常の殻色は茶褐色で，橙色や黄色の個体もある。ナンカイボラ *C.lampas sauliae* form *macilenta* は深場に生息する型（p122）。房総半島・島根県以南，東シナ海，南シナに分布し，潮下帯〜水深250mの砂礫底，岩礁に生息。【相模湾産：18〜30㎝】

アカニシ ［赤螺］
Rapana venosa (Valenciennes, 1846)
アッキガイ科 Muricidae

殻長 20㎝を超える大型種。殻口が赤いことが名の由来。殻表は茶褐色が多いが、白色、赤橙色もある。棘状突起が多い型をツノアカニシ *R. venosa* form *pechiliensis* と呼ぶ（p45, p150）。北海道南部以南、中国沿岸、台湾に分布し（地中海、黒海は移入）、潮間帯〜水深 30m の岩礁、砂底、砂礫底に生息。【東京湾産：8 〜 18㎝】

ヒオウギ［檜扇］
Mimachlamys crassicostata (Sowerby II, 1842)
イタヤガイ科 Pectinidae
殻長15cmに達し，日本を代表するカラフルな貝。殻色は赤褐色系が多い。食用個体が色物ばかりなのは，種苗を選んで養殖するからである。足糸で岩礁などに付着する。(p36, p38, p56, p89)。房総半島から沖縄に分布し，水深5〜50mの岩礁に生息。【相模湾産：8〜14cm】

■ chapter 1 color ■

アズマニシキ [吾妻錦]
Chlamys farreri nipponensis（Kuroda, 1932）
イタヤガイ科 Pectinidae

ヒオウギには白色個体がほとんどないが，本種には時々出現する。とりわけ紫色は少ない。かつて東京湾では食用として水揚げされていたことがある（p38）。北海道南部以南から九州，朝鮮半島，黄海に分布し，潮下帯〜水深30mの砂礫底，岩礫底に生息。【東京湾産：7〜9cm】

■ chapter 1 color ■

イタヤガイ［板屋貝］
Pecten albicans (Schröter, 1802)
イタヤガイ科 Pectinidae

殻径12cmに達する。右殻は通常白色だが，茶褐色，紫色の個体もある。海底では左殻を上に向けて生活する（p38，p56）。北海道南部から東シナ海に分布し，潮下帯〜水深30mの砂礫底，岩礫底に生息。（【東京湾産：8〜12cm】

■ chapter 1 color ■

ヒヨクガイ [比翼貝]
Cryptopecten vessiculosus (Dunker, 1877)
イタヤガイ科 Pectinidae

殻の色彩には変異が多い。黄色系の個体は少ない。放射肋は角張るものと滑らかなものがある (p87)。房総半島・男鹿半島から九州、東シナ海、南シナ海に分布し、水深40〜200mの砂礫底に生息。【相模湾産：2〜3cm】

ハナイタヤ [花板屋]
Pecten sinensis puncticulatus Dunker, 1877
イタヤガイ科 Pectinidae

本種の右殻はイタヤガイより膨らみは強く、左殻はそれより凹む。殻の色彩には，変異が多い (p94)。北海道南部から東シナ海に分布し，水深40〜200mの砂底，砂礫底に生息。【相模湾産：5〜7cm】

エゾキンチャク ［蝦夷巾着］
Swiftpecten swiftii（Bernardi, 1858）
イタヤガイ科 Pectinidae
右殻に瘤状の膨らみのある5本の太い肋がある。通常は赤褐色の個体が多いが，北方に生息する貝の中では多くの色があり，美しい。東北以北，北太平洋，日本海北部に分布し，水深10〜50mの岩礁，砂礫底に生息。【北海道産：8〜11cm】

■ chapter 1 color ■

キンチャクガイ ［巾着貝］
Decatopecten striatus（Schumacher, 1817）
イタヤガイ科 Pectinidae

殻質は厚く，右殻に 4 本，左殻に 5 本の太い放射肋がある。殻色は茶褐色の地に模様が入る個体が多く，稀に黄色や白色もある。房総半島・能登半島から東シナ海，南シナ海に分布し，水深 10 ～ 60m の砂礫底に生息。【相模湾産：4 ～ 5cm】

リュウキュウナデシコ［琉球撫子］
Chlamys squamosa (Gmelin, 1791)
イタヤガイ科 Pectinidae
殻は扁平だが，右殻がわずかに膨らむ。12〜20本程度の成長肋があり，そのうえに小型の鱗片が並ぶ。紀伊半島以南，インド・西太平洋に分布し，水深5〜20mの岩礫底に生息。【フィリピン産：3〜6cm】

インドアオイ［印度葵］【右側】
Corculum cardissa (Linnaeus, 1758)
リュウキュウアオイ［琉球葵］【左側】
Corculum impresum (Lightfoot, 1786)
ザルガイ科 Cardiidae
両種とも外套膜に褐虫藻を共生させて養分を得る。殻の前方，後方から見てハート型をしている。奄美諸島以南，インド・西太平洋，オーストラリアに分布し，潮間帯〜20mの砂底に生息。【フィリピン産：3〜6cm】

■ chapter 1 color ■

カキツバタ［燕子花］
Hyotissa imbricate（Lamarck, 1819）
ベッコウガキ科 Gryphaeidae
固着する場所によって殻の形はさまざまに変化し，いくつも重なってブロック状になることが多い。通常見られるのは紫褐色。殻は海岸に打ち上がる。房総半島以南，西太平洋に分布し，水深5〜30mの岩礁に生息。【相模湾産：7〜13cm】

ショウジョウガイ ［猩々貝］
Spondylus regius（Linnaeus, 1758）
ウミギク科 Spondylidae
殻は類円形で膨らみが強く，6本前後ある放射肋の上に大小の棘が並ぶ。岩礁に固着して生活する。暗赤色の個体が多く，赤紫色，橙色，桃色，黄色などもある。紀伊半島以南，西太平洋に分布し，潮下帯〜20mの岩礁に生息。【和歌山県産／フィリピン産：10〜18cm】

chapter 1 color

31

ウミギク［海菊］
Spondylus barbatus Reeve, 1856
ウミギク科 Spondylidae

右殻で岩礁などに固着して生活する。殻色は変化に富み、通常は赤褐色が多い。殻の放射肋上にあるヒレ状の棘は、細いものから幅広いものまでさまざま（p57）。房総半島以南、西太平洋に分布し、水深5〜30mの岩礁に生息。【相模湾産：7〜12cm】

■ chapter 1 color ■

フトウネトマヤ［太畝苫屋］
Carditia crassicostata Lamarck, 1819
トマヤガイ科 Corditidae

トマヤガイ類は地味な色をした種類が多いが，本種はカラフルである。足糸を出して岩礁などに付着する。フィリピンからオーストラリア，インド洋に分布し，水深 10 〜 60m の岩礁，サンゴ礁に生息。【フィリピン産：3 〜 6cm】

カバザクラ［樺櫻］
Nitidotellina iridella（Martens, 1865）
サクラガイ科 Tellinidae

サクラガイによく似るが，殻頂から後腹縁にかけて顕著な2本の白帯がある。和名にあるカバは樺色の意味。殻は砂浜に打ち上がる。房総半島から台湾に分布し，潮下帯～水深20mの砂底に生息。【相模湾産：1.5～2.5cm】

ベニガイ［紅貝］
Pharaonella seiboldii（Deshayes, 1855）
サクラガイ科 Tellinidae

環境の変化により近年全国的に激減している。名の通り紅色をしているが，稀にアルビノに近い色をしたものもある。殻は海岸に打ち上がる。北海道南部から九州に分布し，潮下帯～水深20mの砂底に生息。【相模湾産：5～6cm】

■ chapter 1 color ■

アシガイ［葦貝］
Gari maculosa（Lamarck, 1818）
シオサザナミガイ科 Psammobiidae

殻は長楕円形，殻質はそう厚くならない。色や模様に変異が多い。殻は海岸に打ち上がる。房総半島以南，インド・西太平洋に分布し，潮下帯〜水深30mの砂底に生息。【相模湾産：4〜6cm】

ベニハマグリ［紅蛤］
Mactra ornate Gray, 1837
バカガイ科 Mactridae

薄紅色の地に白色の斑紋が散り，殻皮をかむる。多くない種類で底曳網などから得られ，海岸に打ち上がることもある。房総半島から九州に分布し，潮下帯〜水深50mの砂底に生息。【相模湾産：4cm，6cm】

35

左右の色違い

左右の殻が同色であるはずの種類が別の色になった極めて稀な個体。

ヒオウギ［檜扇］
Mimachlamys crassicostata（Sowerby II, 1842）
イタヤガイ科 Pectinidae

ヒオウギの殻の色は多く変異があるが，左右の殻の色違いは非常に稀である。このような色になる遺伝的なメカニズムは不明である。(p20，p38，p56，p89)。房総半島から沖縄に分布し，水深5～50mの岩礁に生息。【三重県産：4㎝，6㎝】

アカザラ［赤皿］
Chlamys farrei amazara（Kuroda, 1932）
イタヤガイ科 Pectinidae

アズマニシキ *C. farrei nipponensis* とあまり形態は変わらないが，肋上にある鱗状突起の発達が弱く，色の変異も少ない。北海道～東北地方に分布し，潮下帯～水深20mの岩礫底に生息。【岩手県産：7㎝】

■ chapter 1 color ■

カバトゲウミギク［樺棘海菊］
Spondylus butleri Reeve, 1856
ウミギク科 Spondylidae
殻は類円形で大型になり，右殻で岩礁などに固着して生活する。橙色，赤紫色などの個体がある。左右の殻の色違いは非常に珍しい。紀伊半島以南，インド・西太平洋に分布し，水深5〜20mの岩礁に生息。【紀伊半島産：9〜12cm】

染め分けられた貝

別の色や同色の濃淡によって染め分けられた貝。

イタヤガイ ［板屋貝］
Pecten albicans (Schröter, 1802)
イタヤガイ科 Pectinidae

通常右殻は白色だが，図示した個体は赤紫色と白色で染め分けられている（p24, p56）。北海道南部から東シナ海に分布し，潮下帯～水深30mの砂礫底，岩礫底に生息。【相模湾産：7cm，8cm】

アズマニシキ ［吾妻錦］
Chlamys farreri nipponensis (Kuroda, 1932)
イタヤガイ科 Pectinidae

ヒオウギに白色個体はほとんどないが，本種には出現する。純粋な紫色はごく少ない（p22）。北海道南部から朝鮮半島，黄海に分布し，潮下帯～水深30mの砂礫底，岩礫底に生息。【東京湾産：8～10cm】

ヒオウギ ［檜扇］
Mimachlamys crassicostata (Sowerby II, 1842)
イタヤガイ科 Pectinidae

成長ごとに色の段ができると染め分けられたようになる。本種には半分が他の色になった例もある（p20, p36, p56, p89）。房総半島から沖縄に分布し，水深5～50mの岩礁に生息。【相模湾産：9cm，9cm】

■ chapter 1 color ■

ナガザル [長笊]
Vasticardium enode（Sowerby, 1840）
ザルガイ科 Cardiidae
通常は殻全体が黄褐色をしている。図示したものは焦茶色が入り，染め分けられた珍しい標本である。房総半島以南，インド・西太平洋に分布し，水深5～30mの岩礁に生息。【紀伊半島産：10cm】

ヤスリメンガイ [鑢面貝]
Spondylus candidus Lamarck, 1819
ウミギク科 Spondylidae
殻は重厚，右殻で他物に固着する。殻は茶褐色，赤褐色を呈し，図示の個体は白色と茶褐色に染め分けられている。紀伊半島以南，インド・西太平洋に分布し，水深5～20mの岩礁，サンゴ礁に生息。【フィリピン産：12cm】

ミズイリショウジョウ [水入猩々]
Spondylus varians Sowerby, 1838
ウミギク科 Spondyrlidae
他に紹介した種類は，殻の色が例外的に染め分けられたものだが，本種の若いときの黄色や赤紫色をした左殻は成長とともに白色になる。殻長20cmを超える大型種で，殻の空間に水を溜めるのでこの名がある。奄美群島以南，西太平洋に分布し，水深5～20mの岩礁，サンゴ礁に生息。【フィリピン産：8cm，10cm】

トコブシ［床臥］
Haliotis diversicolor aquatilis Reeve, 1846
ミミガイ科 Haliotidae

図のように色が染め分けられる個体は小型である。殻の色は餌とする海藻の種類によって変わる（p64）。北海道南部以南，朝鮮半島，黄海に分布し，潮下帯〜水深 30m の砂礫底，岩礫底に生息。【相模湾産：3〜4cm】

キナノカタベ［喜納片部］
Angaria sphaerula（Kiener, 1873）
カタベガイ科 Angaridae

殻の周縁に並ぶ棘は長短があり，針状から鰭状まである。殻色は淡緑色系から赤色系など変異があり，染め分けられる個体もある。奄美諸島からフィリピンに分布し潮下帯〜水深 100m の岩礁に生息。【フィリピン産：4cm】

リンボウガイ［輪宝貝］
Guildfordia triumphans（Philippi, 1841）
サザエ科 Turbinidae

殻の周縁には 7〜9 本の長い棘状突起がある。体層の全面は赤褐色をしているが，螺旋に沿ってこのような白味の帯ができる個体がある。ハリナガリンボウにも同様な例がある（p128）。房総半島・能登半島以南，九州，フィリピン，インドネシアに分布し，水深 100〜300m の砂底に生息。【相模湾産：5cm，6cm】

ソメワケカタベ［染分片部］
Agaria formosa（Reeve, 1843）
カタベガイ科 Angariidae

本ページに図示した個体は，殻の色が例外的に染め分けられたものだが，本種は元来染め分けられる種類で，和名もそれに由来する。紀伊半島以南，沖縄，フィリピンに分布し，潮下帯〜水深 10 m の岩礁に生息。【沖縄産：3〜4.5cm】。

コシダカガンガラ ［腰高岩殻］
Onphalius resticus（Gmelin, 1791）
ニシキウズ科 Trochidae

殻は丸みのある円錐形，斜めに入った太い縦肋があり，中には平滑な個体もある。殻口は真珠光沢があり，臍孔は奥まで開く。北海道南部から九州，朝鮮半島，中国に分布し，潮間帯〜水深20mの岩礁に生息。【相模湾産：2.5〜3cm】

ツメタガイ ［津免多貝］
Glossaulax dydyma（Röding, 1798）
タマガイ科 Naticidae

殻は殻長10cmに達し，饅頭型。殻色は茶褐色で，鈍い光沢がある。他の貝を抱き込み，歯舌と酸を使って，穴を開けて捕食する。臍孔の閉じた型をホソヤツメタ *G. dydyma hosoyai* と呼ぶ。北海道南部から九州に分布し，潮間帯〜水深30mの砂底に生息。【相模湾産：3〜6cm】

殻口の色違い

殻口が通常の色と違った色になったもの。※［ ］内は「殻口の色違い」を示す。

スイジガイ [水字貝]
Harpago chiragra（Linnaeus, 1758）
ソデボラ科 Strombidae
通常の殻口は赤紅色をしているが，インド付近に分布する中には黒味がかった個体がある。殻の形が漢字の「水」に似るのでこの名がある（p136, p176, p177）。紀伊半島以南，インド・西太平洋に分布し，潮下帯〜水深 20m の岩礁，サン岩礁に生息。【インド産：21㎝】

スイショウガイ [水晶貝]
Laevistrombus turturella（Röding, 1798）
ソデボラ科 Strombidae
通常の殻口は白色だが，老成して黒色，赤黒色になる個体がある（p49, p134）。房総半島以南，西太平洋に分布し，潮下帯〜10m の砂泥底に生息。【沖縄産：6〜7㎝】

■ chapter 1 color ■

スルガバイ ［駿河蛽］
Buccinum leucostoma Lischke, 1872
エゾバイ科 Buccinidae
通常本種の殻口は白色だが，稀に黄色を呈する個体もある。底曳網，底刺網，エビ籠などによって得られる。房総半島から四国に分布し，水深150〜800mの泥底に生息。【相模湾産：6cm，7cm】

バイ ［蛽］
Babylonia japonica (Reeve, 1842)
エゾバイ科 Buccinide
通常は殻口が白色だが，図示した個体は橙色になった珍しいもの(p78,p152)。北海道南部から九州に分布し，韓国，潮下帯〜30mの砂底，砂泥底に生息。【相模湾産：8cm】

レイシガイ ［茘枝貝］
Thais bronni (Dunker, 1860)
アッキガイ科 Muricidae
本種は肉食でフジツボや貝類に穴を開けて捕食する。左の図は殻口の色に赤みがある個体 (p116, p123)。北海道南部から九州，中国に分布し，潮間帯〜水深10mの岩礁に生息。【相模湾産：6cm】

コロモガイ ［衣貝］
Cancellaria spengleriana Deshayes, 1830
コロモガイ科 Cancellaridae
老成した個体の殻は重厚になる。通常は殻口が黄白色だが，稀に灰黒色をした個体がある。底曳網や底刺網から得られ，海岸にも打ち上がる。北海道南部から九州，中国に分布し，水深5〜50mの砂底，砂泥底に生息。【相模湾産：4〜7cm】

殻口の白化〔クチジロ〕

アルビノとは異なり、殻口だけが部分的に白化した個体（クチジロ）。
※〔 〕内は「殻口の白化した個体」を示す。

ダイオウガンゼキ ［大王岩石］
Hexaplex regius Swainson, 1821
アッキガイ科 Muricidae
殻口内唇側の黒褐色は残っているが、ピンク色の部分が白化した個体。メキシコ西海岸からペルーにかけて分布し、浅海の潮下帯〜水深20mの岩礁に生息。【メキシコ産：14㎝】

シワクチナルトボラ ［皺口鳴門法螺］
Tutufa rubeta (Linnaeus, 1758)
オキニシ科 Bursidae
通常は殻全体が黄褐色で、殻口は赤色だが、これは殻口だけが白化したもの。殻は厚く殻長14㎝に達する。紀伊半島以南、インド・西太平洋に分布し、水深10〜30mの岩礁に生息。【フィリピン産：10㎝】

■ chapter 1 color ■

アカニシ [赤螺]
Rapana venosa (Valenciennes, 1846)
アッキガイ科 Muricidae

通常の殻口は赤色だが，これは白化した非常に稀な例。殻口が赤く殻表が白色の個体はしばしば見る。内湾性の種類で，二枚貝などを捕食する (p19, p150)。北海道南部以南，中国沿岸，台湾（地中海，黒海には移入）に分布し，潮間帯〜水深 30m の岩礁，砂底，砂礫底に生息。【相模湾産：14cm】

アルビノ

殻の色素がなくなり白化したアルビノを紹介。原型と比べると対照的である。
※【 】内は「アルビノ」の個体を示す。

オキナエビス [翁恵比須]
Mikadotrochus beyrichii（Hilgendorf, 1877）
オキナエビス科 Pleurotomariidae
殻色に濃淡はあるが通常は赤橙色。アルビノは極めて稀。浅場の岩礁に生息する個体には石灰藻が付着するが、深場では付着物が少ない (p15, p120)。房総半島、相模湾、伊豆諸島、小笠原、紀伊半島に分布し、水深50～200mの岩礁に生息。【千葉県産：7.5㎝】

ベニオキナエビス [紅翁恵比須]
Perotrochus hirasei（Pilsbry, 1903）
オキナエビス科 Pleurotomariidae
通常のアルビノ個体の殻頂部は淡橙色をしているが、稀に殻全体が純白の個体もある。底曳網から得られる。房総半島、紀伊半島から東シナ海に分布し、水深150～300mの岩礁底に生息。【鹿児島県産：7㎝】

ナツモモ [楊梅]
Clanculus margaritarius（Philippi, 1849）
ニシキウズ科 Trochidae
赤褐色の地に白縁のある黒斑が入る。アルビノ個体の殻頂付近には薄紅色がわずかに残る。房総半島・能登半島以南に分布し、潮下帯～水深20mの岩礁に生息。【島根県産：6mm】

サザエ [栄螺]
Turbo sazae Fukuda, 2017
サザエ科 Turbinidae
本種は餌とする海藻の違いによって殻の色彩が変わるが、アルビノも稀にある。(p17、p110、p127)。北海道南部から(太平洋側は房総半島以南)九州、朝鮮半島に分布し、潮下帯～水深50mの岩礁に生息。【相模湾産：7㎝】

■ chapter 1　color ■

ホソウミニナ［細海蜷］
Batillaria cumingii（Crosse, 1862）
ウミニナ科 Batillariidae

ウミニナ *B.multiformis* と同所にもいるが、外洋的な環境にも見られる（p130）。サハリン・沿海州以南、日本全土、朝鮮半島、中国に分布し、潮間帯の泥底、泥に覆われた岩礁上に生息。【相模湾産：3cm】

マンジュウガイ［饅頭貝］
Polinices albumen（Linnaeus, 1758）
タマガイ科 Naticidae

殻は扁平で重厚、通常の殻表は褐色、殻底は白色。臍孔は長く大きい。紀伊半島以南、インド・太平洋に分布し、潮下帯〜水深20mの岩礁に生息。【高知県産：6cm，7cm】

ウチヤマタマツバキ［内山玉椿］
Polinices sagamiensis Pilsbry, 1904
タマガイ科 Naticidae

本種のアルビノはムクマンジュウ *P.candidissimus* に間違えやすいが、本種のフタが赤褐色であるのに対して黒褐色をしている。相模湾・男鹿半島以南、フィリピンに分布し、水深5〜50mの砂底に生息。【相模湾産：4cm】

ダテスズカケ［伊達鈴掛］
Cymatium pleiferianum（Reeve, 1844）
フジツガイ科 Ranellidae

ナガスズカケ *C.tenuiliratum* に似るが布目彫刻がはっきりしている。和歌山県以南、インド・西太平洋に分布し、水深20〜100mの砂底に生息。【オーストラリア産：6cm】

ヤセツブリボラ［痩紡車利法螺］
Cymatium exile（Reeve, 1844）
フジツガイ科 Ranellidae

本種はフィリピンあたりで割と見られるが、日本では多くない。体層には強い縦肋があり、螺肋と交わった部分に瘤をつくる。房総半島以南、西太平洋に分布し、水深10〜50mの岩礁に生息。【フィリピン産：4cm】

    　正常個体

ピンクガイ［ピンク貝］
Strombus gigas Linnaeus, 1758
ソデボラ科 Strombidae

観賞用の貝として親しまれ，輸入されてきたが，ワシントン条約の適応を受け，入手困難となった。殻長は30cmを超え，老成すると外唇上部が伸びる。フロリダからブラジルに分布し，潮下帯〜30mの砂底に生息。【フロリダ産：23cm】

ソデボラ［袖法螺］
Strombus pugilis pugilis Linnaeus, 1758
ソデボラ科 Strombidae

殻は黄褐色の殻皮をかむり，光沢がある。土産物用の貝としてよく輸入される。フロリダからブラジルに分布し，潮下帯〜水深10mの砂底に生息。【フロリダ産：8cm，8cm】

正常個体

クモガイ［蜘蛛貝］
Lambis lambis（Linnaeus, 1758）
ソデボラ科 Strombidae

殻には通常 7 本の突起があり，黄白色を地に黒褐色の不規則な模様がある。図は珍しい純白の個体 (p138, p172, p173, p175, p176)。紀伊半島以南，インド・太平洋に分布し，潮間帯〜水深 20m の岩礁，サンゴ礁に生息。【フィリピン産：15㎝】

■ chapter 1 color ■

スイショウガイ［水晶貝］
Laevistrombus turturella（Röding, 1798）
ソデボラ科 Strombidae

殻は厚く成長線があるのみで平滑。殻表は褐色で，殻口の内面は白色。褐色の殻皮をかむる(p42, p134)。房総半島以南，西太平洋に分布し，潮下帯〜10m の砂泥底に生息。【沖縄産：6㎝】

シドロ［志登呂］
Stromubs japonicus（Röding, 1851）
ソデボラ科 Strombidae

殻は老成すると厚くなる。若いうちは縦肋が目立ち，成貝では体層の螺肋が強くなる。殻口の内部は白色で螺状 ps11 脈がある。房総半島から九州に分布し，潮下帯〜水深 30m の砂底に生息。【相模湾産：6㎝】

ルリガイ［瑠璃貝］
Janthina prolongata Blainville, 1823
アサガオガイ科 Janthinidae

粘液でつくった泡状の筏で浮遊生活をし，ギンカクラゲなどを捕食する。アルビノは本種が大量に打ち上がったときに見られ，そう珍しくはない。世界中の暖流域に分布。【相模湾産：2〜3㎝】

ハツユキダカラ［初雪宝］
Cypraea miliaris Gmelin, 1791
タカラガイ科 Cypraeidae

浅海に生息する個体は緑や青味がかる。深場にいる淡橙色が増した型をニシバタダカラと呼ぶが同種である。本種のアルビノは，セトモノダカラ *C. eubrnea* を思わせる。房総半島・島根県以南，西太平洋に分布し，潮間帯〜水深 150m の泥礫底，岩礁に生息。【相模湾産：4㎝】

ワダチウラシマ［轍浦島］
Semicassis bisulcata bisulcata（Schubert & Wagner, 1829）
トウカムリ科 Cassidae
殻は厚く、縫合の下に2本の深い螺溝があり、殻表は平滑。本種に近縁のウラシマ類は、まだ明確な分類がなされていない。房総半島以南、西太平洋に分布し、水深20～80mの砂泥底に生息。【沖縄：4cm】

ナンバンカブトウラシマ［南蛮兜浦島］
Echinophoria wyvillei（Watson, 1886）
トウカムリ科 Cassidae
通常は体層の肩部にやや尖った疣状突起が並ぶが、まったくない型もある（p114）。房総半島以南、インド・西太平洋、オーストラリアに分布し、水深200～400mの砂泥底に生息。【オーストラリア産：7cm】

タイコガイ［太鼓貝］
Phalium bandatum（Perry, 1811）
トウカムリ科 Cassidae
大きい個体では殻長140mmに達する。肩には、疣の列があり、模様の変異は多い（p74）。房総半島以南、インド・西太平洋、オーストラリアに分布し、水深10～50mの砂泥底に生息。【高知県産：6cm】

カブトウラシマ［兜浦島］
Echinophoria kurodai（Abott, 1968）
トウカムリ科 Cassidae
殻には光沢があり、体層に疣状の列が4列ほどある。深海底曳網で得られる（p114）。房総半島以南、西太平洋、西オーストラリアに分布し、水深200～300mの砂泥底に生息。【高知県産：6cm】

 正常個体

■ chapter 1 color ■

スジウズラ ［筋鶉］
Tonna zonata（Green, 1830）
ヤツシロガイ科 Tonnidae
殻長30㎝に達する大型種。通常の殻は茶褐色，稀に縫合付近に沿って白色を帯びた個体がある。房総半島以南，西太平洋に分布し，水深30〜150mの砂泥底に生息。【高知県産：14㎝】

トキワガイ ［常盤貝］
Tonna allium（Dillwyn, 1817）
ヤツシロガイ科 Tonnidae
殻には茶褐色の斑点がある個体と無紋とがある。殻口外唇は厚く外側に刻みができる。房総半島以南，西太平洋に分布し，水深10〜50mの砂底に生息。【フィリピン産：10㎝】

ミヤシロガイ ［宮代貝］
Tonna sulcosa（Born, 1778）
ヤツシロガイ科 Tonnidae
殻には黄褐色の殻皮をかむり，殻長15㎝に達する。フィリピン付近では大型になるが，日本産のものは小型（p73）。房総半島以南，西太平洋に分布し，水深10〜80mの砂泥底に生息。【フィリピン産：14㎝】

ウズラミヤシロ ［鶉宮代］
Tonna lischkeana（Küster, 1857）
ヤツシロガイ科 Tonnidae
大型の個体では殻長20㎝に達する。通常の個体は螺肋上に白色と褐色の斑点模様が入る。房総半島以南，インド・西太平洋に分布し，水深20〜50mの砂底に生息。【フィリピン産：12㎝】

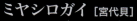
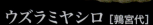

オオナルトボラ ［大鳴門法螺］
Tutufa bufo（Röding, 1851）
オキニシ科 Bursidae

殻は重厚で，通常の殻口は赤紅色を呈する。殻表には瘤状をした大小の結節がある。イセエビの底刺網で得られる（p115）。房総半島・山口県以南，インド・西太平洋に分布し，水深 10～50m の岩礁に生息。【相模湾産：15㎝】

チリメンナルトボラ ［縮緬鳴門法螺］
Tutufa oyamai Habe, 1973
オキニシ科 Bursidae

殻長は最大でも10㎝程度。通常の個体は黄褐色で，殻口は白色を呈する。体層には疣状の結 ps11 節がある。相模湾以南，西太平洋，オーストラリアに分布し，水深 20～50m の岩礁に生息。【フィリピン産：7.5㎝】

イソバショウ ［磯芭蕉］
Ceratostoma fournieri（Crosse, 1861）
アッキガイ科 Muricidae

殻の色彩，形態に変異がある。潮間帯の岩礁で見られるが，かなり深場まで生息し，ヒラメの底刺網からも得られる（p116）。房総半島から九州に分布し，潮間帯～水深 80m の岩礁に生息。【相模湾産：5㎝】

ミナミゴウシュウボラ ［南豪州法螺］
Charonia lampas rubicunda forma *powelli*（Cotton, 1956）
フジツガイ科 Ranellidae

ボウシュウボラに似るがそれより小型で，殻口の内唇側にある筋状の彫刻が顕著である。オーストラリア，ニュージーランドに分布し，潮間帯～30m の岩礁に生息。【オーストラリア産：9㎝】

イセヨウラク ［伊勢瓔珞］
Pteropurpura adunca（Sowerby, 1834）
アッキガイ科 Muricidae

殻の色や形態には変化があり，これらは生息深度の違いによって生じることが多い。（p116）。北海道から東シナ海に分布し，水深 10～200m の砂礫底，岩礫底に生息。【相模湾産：5㎝】

 正常個体

■ chapter 1 color ■

ミクリガイ ［三繰貝］
Siphonalia cassidariaeformis（Reeve, 1843）
エゾバイ科 Buccinidae
殻は比較的厚く、肩には結節がある。色や模様に変異が多い。房総半島から九州に分布し、水深10〜80mの砂底、砂泥地に生息。【高知県産：5cm】

トウイト ［唐糸］
Siphonalia fusoides（Reeve, 1846）
エゾバイ科 Buccinidae
体層の肩に結節のある型とない型とがある。殻表には細かい螺肋が走る。別名ウスイロミクリ。房総半島から九州に分布し、水深10〜80mの砂底、砂泥地に生息。【高知県産：5cm】

ミカドミクリ ［御門三繰］
Siphonalia concinna A.Adams, 1863
エゾバイ科 Buccinidae
通常の個体は淡褐色で不明瞭な斑紋が入る。水管はねじれる。産出はそう多くない。相模湾から九州に分布し、水深80〜180mの砂底に生息。【豊後水道産：4.5cm】

ネムリガイ ［眠貝］
Siphonalia filosa A.Adams, 1863
エゾバイ科 Buccinidae
殻はマユツクリ *S.spadicea* によく似るが、大きくなる。水管の外側に刃状の筋がある。遠州灘から九州に分布し、水深100〜200mの砂泥底に生息。【高知県産：6cm】

ナサバイ ［ナサ蛽］
Hindisa magunifica（Lischke, 1871）
エゾバイ科 Buccinidae
殻には縦肋があり、螺肋と交わって粒をつくる。縦肋が弱く縫合まで達しない型をリシケナサバイ *H. magunifica lischikei* と呼ぶ。房総半島から東シナ海に分布し、水深120〜250mの砂底、砂泥地に生息。【高知県産：5cm】

シマミクリ ［縞三繰］
Siphonalia signa（Reeve, 1846）
エゾバイ科 Buccinidae
殻には顕著な縞模様が入り、その間に不規則な模様がある。縞模様だけがなくなり、地色が残った個体もある(p98)。遠州灘から九州に分布し、水深10〜30mの砂底に生息。【愛知県産：6cm】

コオニコブシ ［小鬼拳］
Vasum turbinellum（Linnaeus, 1758）
オニコブシガイ科 Turbinellidae
殻は重厚で螺肋と縦肋の接点に棘状突起が出る。アルビノはそう稀ではない。紀伊半島以南、インド・西太平洋に分布し、潮間帯〜水深5mの岩礁、サンゴ礁に生息。【フィリピン産：4cm、5cm】

テングニシ ［天狗螺］
Hemifusus tuba（Gmelin, 1781）
テングニシ科 Melongenidae
殻は大型で殻長25cmを超える。結節には大小があり、まったく欠く個体もある。縁日などで売られている「海ホオヅキ」は本種の卵嚢である。房総半島・能登半島から東シナ海に分布し、水深5〜50mの砂底に生息。【相模湾産：15cm】

53

ヤシガイ ［椰子貝］
Melo melo（Lightfoot, 1786）
ガクフボラ科 Volutidae
殻は大型で殻長35cmに達する。軟体部は大きく，蓋を欠く。殻は装飾用に使われる（p162）。台湾から南シナ海に分布し，潮下帯～水深20mの泥底に生息。【フィリピン産：14cm】

イトマキボラ ［糸巻法螺］
Pleuroploca trapezium trapezium（Linnaeus, 1758）
イトマキボラ科 Fasciolariidae
殻は重厚で，肩に尖った大きな瘤がある。ヒメイトマキボラ *P. trapezium paeteli* は瘤が丸く小さい（p153）。紀伊半島以南のインド・西太平洋に分布し，潮間帯～水深20mの岩礁に生息。【紀伊半島産：14cm】

イトマキヒタチオビ ［糸巻常陸帯］
Fulgoraria rupestris（Crosse, 1869）
ガクフボラ科 Olutidae
殻は比較的厚く，顕著な縦肋と弱い螺肋がある。通常の個体には稲妻模様がある（p99）。四国から東シナ海に分布し，水深50～200mの砂泥底に生息。【東シナ海産：7cm】

ツノヤシガイ ［角椰子貝］
Melo umbilicata（Broderip, 1826）
ガクフボラ科 Volutidae
殻は大型で殻長40cmに達する。置物などの装飾品によく使われる。オーストラリア北東に分布し，潮下帯～水深20mの砂泥底に生息。【オーストラリア産：13cm】

■ chapter 1 color ■

ヤヨイハルカゼ [弥生春風]
Melo broderippii (Gray in Griffith & Pidgeon, 1833)
ガクフボラ科 Volutidae
殻は大型で，殻長が35㎝を超える。通常，若い個体に茶褐色の模様があるが大型個体は無紋。別名，ブロデーリッペヤシガイ。フィリピンからニューギニアに分布し，潮間帯～水深10mの砂泥底に生息。【フィリピン産：13㎝】

イナヅマコオロギ [稲妻蟋虫]
Cymbiola nobilis (Lightfoot, 1786)
ガクフボラ科 Volutidae
殻は重厚で，殻長20㎝に達する。殻表には通常ジグザグ模様が入る (p163)。台湾からシンガポールに分布し，潮下帯～水深100mの砂底に生息。【ベトナム産：12㎝】

オボロモミジボラ [朧紅葉法螺]
Inquisitior nudivaricosus Kuroda & Oyama in Kuroda, Habe & Oyama, 1971
クダマキガイ科 Turridae
殻は通常，黄褐色や茶色をしている。モミジボラ *I. jeffreyssi* に似るが縦肋は弱い。房総半島から九州に分布し，水深20～80mの砂泥底に生息。【相模湾産：4㎝】

イグチガイ [猪口貝]
Comitas kaderlyi (Lischke, 1872)
クダマキガイ科 Turridae
縫合付近と体層下部は滑らかで，その間に縦肋がある。通常は淡褐色で白黄色の帯がある。房総半島以南，フィリピンに分布し，水深150～500mの砂泥底に生息。【熊野灘産：7㎝】

   　正常個体

ヒオウギ [檜扇]
Mimachlamys crassicostata（Sowerby II, 1842）
イタヤガイ科 Pectinidae

殻色には赤，黄，橙，紫，茶などがある。白色の個体は極めて稀で，図示されるのはこれが初めてである（p20，p36，p38，p89）。房総半島から沖縄に分布し，水深5〜50mの岩礁に生息。【島根県産：7cm】

イタヤガイ [板屋貝]
Pecten albicans（Schröter, 1802）
イタヤガイ科 Pectinidae

通常は左殻が茶褐色をしているが，図のよう白化は極めて稀である。（p24，p38）。北海道南部から東シナ海に分布し，潮下帯〜水深30mの砂礫底，岩礁底に生息。【愛知県産：6cm】

ホタテガイ [帆立貝]
Mizuhopecten yessoensis（Jay, 1857）
イタヤガイ科 Pectinidae

食用種としてよく知られ，養殖が盛んな種。通常の殻色は右殻が黄白色，左殻は茶紫色をしている。東北地方からオホーツク海に分布し，水深10〜50mの砂底に生息。【北海道産：13cm】

正常個体

■ chapter 1 color

ウミギク［海菊］
Spondylus barbatus Reeve, 1856
ウミギク科 Spondylidae

殻の色は変化に富むが，白色はごく稀である。本種のうち殻上に細かい棘を持つ個体は，チリボタン*C.cruentus*との区別が難しい（p32）。房総半島以南，西太平洋に分布し，水深5〜30mの岩礁に生息。【三重県産：7㎝】

タマキガイ［玉置貝］
Glycymeris vestita（Dunker, 1877）
タマキガイ科 Glycymerididae

殻全体が褐色をしたものや，白色の地に茶褐色の模様が入ったものが多い。図は珍しい白化個体（p89）。北海道南部から九州に分布し，水深5〜40mの砂底に生息。【愛媛県産：6㎝】

ネッタイザル［熱帯笊］
Plagiocardium pseudolima（Lamarck, 1819）
ザルガイ科 Cardiidae

殻長15㎝ほどに達する大型種で，殻質は非常に重厚。本種のアルビノは，さほど珍しくない。フィリピンからインド洋に分布し，潮下帯〜水深10mの砂底に生息。【ザンジバル産：12㎝】

イシカゲガイ［石陰貝］
Clinocardium buellowi（Rolle, 1896）
ザルガイ科 Cardiidae

殻は膨らみがあり，42本の内外のはっきりした放射肋がある。本州から九州に分布し，水深10〜50mの砂底に生息【愛知県産：3㎝】

ワスレガイ［忘貝］
Cyclosunetta menstualis（Menke, 1843）
マルスダレガイ科 Veneridae

殻は類円形で厚く，比較的扁平。通常は茶紫色。桁網などで得られるが，海岸に打ち上がることもある。茨城県以南，東南アジア，北オーストラリアに分布し，潮下帯〜水深20mの砂底に生息。【相模湾産：7㎝】

ナミノコ［浪之子］
Latoma faba（Linnaeus, 1758）
フジノハナガイ科 Donacidae

殻は亜三角形で厚く，細かい放射肋がある。殻色はさまざまで，白色個体もそう珍しくない。房総半島・島根県以南のインド・西太平洋に分布し，潮間帯上部の砂底に生息。【房総半島産：2〜2.5㎝】

57

オオモモノハナ［大桃之花］
Macoma praetexta（Martens, 1865）
ニッコウガイ科 Tellinidae
殻は卵形，殻長は4㎝前後で，淡黄褐色の殻皮をかむる。光沢は乏しい。殻は海岸に打ち上がる。北海道南部から九州，台湾に分布し，水深5〜20mの砂底に生息。【相模湾産：3〜4㎝】

サクラガイ［櫻貝］
Nitidotellina hokkaidoensis（Habe, 1961）
ニッコウガイ科 Tellinidae
殻は通常桃色だが，淡い桃色や白色をした個体もある。波穏やかな砂浜海岸にすみ，海岸に打ち上がる。北海道南部以南，ニューカレドニアに分布し，潮間帯〜水深10mの砂底に生息。【相模湾産：2〜2.5㎝】

チョウセンハマグリ［朝鮮蛤］
Meretrix lamarckii Deshayes, 1853
マルスダレガイ科 Veneridae
殻頂部に模様が入った白色個体はあるが，純白の個体は少ない。外洋に面した砂浜海岸で見られる（p86）。鹿島灘から九州，島根県，中国，台湾に分布し，潮間帯〜水深20mの砂底に生息。【相模湾産：8㎝】

アサリ［浅蜊］
Ruditapes philippinarum（A.Adams & Reeve, 1850）
マルスダレガイ科 Veneridae
白色個体でも右殻の後縁に沿って芥色の線が入る。このように完全に白い個体は稀である（p84）。北海道から九州，朝鮮半島，中国に分布し，潮間帯〜水深10mの砂泥底，砂礫底に生息。【相模湾産：2.5〜3.5㎝】

正常個体

ウチムラサキ [内紫]
Saxidomus purpurata (Sowerby, 1852)
マルスダレガイ科 Veneridae

殻は厚質で殻長は 10cm を超える。和名は成貝の殻の内面が紫色であることに由来する。幼貝の殻表は平滑で内面は白色だが，図のように成貝でも内面が白色の個体もある。北海道南部以南，九州，朝鮮半島，中国に分布し，潮間帯〜水深 10m の礫混じりの砂泥底に生息する。【相模湾産：8cm】

打ち上げられた枯れた貝

column
打ち上げ貝とビーチコーミング

　浜辺には地球上のあらゆる自然物，人工物が漂着する。森林，野原，街などから川を通して流れ着くものや，海流に乗って外国から辿り着くものもある。自然物としては貝殻，骨，化石，岩石，流木，種子など，人工物ではガラス，ビン，プラスチック，漁具，陶片，古銭など切りなくある。これらの漂着物を自分なりの切り口で「拾い，集めて，考え，楽しむ」ことをビーチコーミング（Beachcombing）という。例えば貝やウニ，擦れたガラスなどを拾ってコレクションにすることや，これらを用いてアートにして楽しむことである。また漂着物を手にして，それが「どういう由来で流れ着いたのだろうか？」といった思いを馳せることも醍醐味のひとつだ。さらに環境，生態，地質，歴史，民俗など学問的な方面に及ぶなど奥が深い。

　ビーチコーミングの特性は，浜辺を散策しながら季節を問わず楽しめることだ。マリンスポーツや磯遊びのように潮汐や波を気にすることもないし，大掛かりな道具もいらない。拾い物を入れるビニル袋とピンセットがあれば事が足りる。

　注意点は，やたらに素手で触らないことだ。アカエイ，ゴンズイなど棘に毒をもつ魚類や，薬品入りの瓶や注射針などが漂着している。また，砂に埋もれたガラスや釣り針などもあるので足元はしっかりとしておこう。

　ビーチコーミングの代表的なのは貝拾いであり，コレクターは，「打ち上げ採集」と呼んでいる。浜辺に打ち上がる貝がどの範囲から岸に寄るのかというと，地先の潮間帯から20m程度の深さに棲む種類とみることができる。海岸の地形にもよるが，大型台風でもこれより深い所にいる貝が打ち上がることはまずない。もし深場の貝があった場合は，漁網から捨てられるもの，あるいはヤドカリのリレーによって浅場へ移動したものと考えられる。いっぽう浮遊性貝類は遠方から海流に乗って漂着したものが多い。

　「打ち上げ採集」は単純な方法だけに収穫が乏しいと思われるが，意外と楽しむことができる。例えば，相模湾の一角に位置する某海岸だけで650種以上も記録されており，これは同湾に生息しているとされる種類の凡そ3分の1にあたる。また，打ち上げでないと得られない種類もたくさんある。

　しかし，打ち上げ貝の泣きどころは，原型を留めたものが少ないことである。貝が岸に寄る経路で様々なダメージを受け，殻に摩耗や破損を生じる。標本的に質の高い貝を求めるには，しげく海へ行くべきだが，効率をあげるなら台風や時化後を狙うとよい。このときには新鮮な殻や，生きた状態で拾えることもある。また，タカラガイは真冬の海水温低下で死ぬことが多いので，強い季節風が吹いたときに出かければよい。

　前述のように打ち上げの貝は，ほとんどが擦れたり壊れたりと不完全なものである。しかし，視点を変えて眺めれば特有な価値を見出すことができる。貝殻には色相といって違った色の層が重なっており，特にタカラガイ類に顕著である。打ち上げの貝は，殻が摩耗するにつれて各層の色が順に現れ，元来の色と違ってくる。初心者が「何の種類だろう？」と疑問を抱くのは当然だ。さらに時を経て摩耗したものや，壊れて腐食状態になったものは，専門家にとっても同定する次元から外れていく。しまいには標本に値しないといって捨てられるはめとなる。

　とはいえ，このような古びた貝は，自然の力と時間がほどよく加わってできたものである。人為的に造り出そうとしてもこの味は出せない。だからこそ，じっくり見れば，渋みある美しいものを感じる。それは「摩耗の美，破損の美」であり，"侘び，寂び"の美世界に通じるものである。打ち上げ貝といえども，深い趣がある。

摩耗して色相が現れたハナマルユキ（右端は正常個体）

chapter 2 pattern
模様

色とともに，貝殻の魅力はその模様の不思議さである。縞模様や網目模様，三角模様など種によって実にさまざまな形があります。ここでは，その多種多様なバリエーションを見ていきます。

モヨウカヤノミガイ
Acteon eloisae

　貝殻の模様は実に多様である。しかも地色との組み合わせに違和感がない。単純なものから芸術的に見えるもの，あるいは数学的なものまである。こうした模様には生活上見慣れたものもあり，たとえば縞模様，胡麻斑模様，網目模様，網代模様，蛇の目模様，更紗模様，亀甲模様，稲妻模様などがある。したがって模様に由来して和名になったものも多く，ゴマフダマ（胡麻斑玉），アジロダカラ（網代宝）*Cypraea ziczac*，ジャノメダカラ（蛇の目宝），キッコウダカラ（亀甲宝）*Cypraea maculifera*，イナヅマタイコ（稲妻太鼓），サラサミナシ（更紗身無）*Conus capinaneus*，モヨウカヤノミガイ（模様榧ノ実貝）などがある。ただし，クロマルケボリ *Primovula panthera*，トラフケボリ *Primovula tigris* の和名は殻ではなく，軟体部の模様にちなむものだ。

　模様の面白さは巻貝ではイモガイ科，タカラガイ科，ガクフボラ科の貝が群を抜いている。これらを好むコレクターが多いことからもわかる。
　イモガイには多様な模様が見られ，たとえばツボイモなどに代表される三角状模様は，小さい部分から全体の大きな部分まで同じ形の繰り返しになっている。これはフラクタルという幾何学的概念の一例として知られる。
　タカラガイは陶磁器のような光沢を持つため

ジャノメダカラ
Cypraea argus

か，模様がいっそう美しく見える。収集家の間でも一番人気がある貝といえよう。

ガクフボラ科の貝にもブランデーガイをはじめ美しい模様を持つものがたくさんある。

カタツムリにも綺麗な模様が多く，サオトメイトヒキマイマイはコマ模様を描いたようで，とりわけ美しい。

二枚貝ではマルスダレ科やイタヤガイ科などに模様が見られ，特にマルオミナエシの模様は変化があって面白い。なお，貝殻の模様は殻の形成時に外套膜から主成分の炭酸カルシウムとともに分泌され，このときに模様と色が取り込まれるが，詳しいメカニズムはわかっていない。

◆同種内における模様のバリエーション

貝殻の模様は種によっておおむね一定しているが，バリエーションを持つ種類もある。模様のバリエーションを知るにはアサリが一番身近であろう。一見地味だが多くの三角状模様やジグザグ模様などがあることに気付くだろう。

イモガイ科やガクフボラ科の貝には同種でもさまざまな模様を持つものがあり，ときには模様を失うことすらある。

模様の著名な例はゴシキカノコやキムスメカノコで，ひとつひとつの個体が少しずつ違った模様を持つ。これらは遺伝的に決まっている。

成長によって模様が変わるものもあり，その代表はタカラガイである。タルダカラやクチムラサキダカラ Cypraea carneola などは幼貝と成貝の模様が同じだが，大半の種類は幼貝と成貝の模様が異なり，あたかも別種であるかのように見えてしまう。

しかし，貝の模様には一定のバリエーションとは異なる，特殊な変異の例がある。それらを以下に紹介しよう。

★放射線模様が入る

イタヤガイ科の貝では，正確な放射線模様が入った個体がある。これはヒオウギやツキヒガイなどに見られるが非常に珍しい。しかもこれは，どちらか片方の殻だけに現れ，両方に出た例を知らない（p88～p91）。

★模様の乱れ

多くの種類では大方模様は整っているが，ときにこれが乱れてしまった場合を見る。途中から乱れた場合は外套膜に損傷などがあったと考えられる。しかし，模様をつくるメカニズムに何らかの突然変異があった場合は，本来とは大きく離れた模様を生じ，まるで別種のように見えてしまう。

カノコダカラには模様に乱れた個体がしばしばあり，殻を覆う外套膜が殻表に模様を重ねていく

サオトメイトヒキマイマイ
Liguus virgineus

ブランデーガイ
Volutoconus bendalli

アジロイモ
Conus pennacius

段階でズレを生じたと考えられる（p100）。
★模様を欠く
　ごく稀に，模様を欠く個体がある。これは地色が失われていないのでアルビノとは異なる。ガクフボラ科に見られる例が著名で，稲妻模様を欠いたホンヒタチオビやイトマキヒタチオビなどがある（p98～p100）。

◆模様の意味
　「なぜ貝殻は綺麗な模様を持つか？」これも謎のひとつである。色の項でも述べたが，今のところ明白な答えはない。
　模様が多種多様なのは低緯度の熱帯海域周辺であることは，色と同様である。浅海性貝類に多くあり，熱帯ではカタツムリにも美しい模様を持つものが多い。これに光が関係するとよくいわれるが，生物の進化の過程は何らかの形で太陽光に関わりがあるので，よい答えとはいえない。では「貝殻の模様には何の意味があるのか？」これにも一定した見解はない。
　威嚇として有効になっているものもあるかと考えられるが，捕食者がどこまで模様を認識できているかわからない。殻に模様があっても，日中は砂に潜り，夜間に這い出るような貝では，模様が捕食者に対する欺瞞の効果を持っている可能性は低い。

しかし，貝を好む捕食者のタコは，色が認識できるからこそ周囲に体色を合わせられるので，貝の色模様を感知できるかもしれない。夜間でも浅海なら月光で見えるだろう。
　タカラガイの多くの外套膜は地味な色で擬態しているように思われるが，殻の色彩は多様である。捕食者から目立たない外套膜で存在を隠蔽し，見つけられてしまったら，殻の模様を見せて威嚇しているのだろうか？　逆にウミウサギ類のトラフケボリなどは，まず派手な外套膜で威嚇し，第二段階で宿主に似た殻色で姿を消したように錯覚させられるかもしれない。
　どうみても擬態としか思えないのがシロチョウウグイス *Electroma zebra* である。そのゼブラ模様は付着している刺胞動物のクロガヤ *Lytocarpia niger* とよく似て目立たない。

　貝の模様が捕食者に対して何らかの防衛手段になるとすれば，淘汰によって模様が選択されるはずである。しかし，それだけでは特定の種の模様がバラエティーに富むことの説明にならない。殻の模様の意味は今のところ淘汰に対して中立とするのが無難な解釈だが，これも全ての貝には敷衍できない。今のところは謎というしかない。

マサメダマ
Tanea lineata

ジュセイラ
Cymatium hepaticum

リュウグウボラ
Schaphella junonia

さまざまな模様を持つ貝

幾何学模様など、多彩な模様で彩られた貝。

トコブシ［床臥］
Haliotis diversicolor aquatilis Reeve, 1846
ミミガイ科 Haliotidae

本種の殻はアワビ類に似るが、孔の数が多く7〜8個ある。螺肋がある型とない型があり、地味ながら模様には変異がある。(p40)。北海道南部から九州に分布し、潮間帯〜水深10mの岩礁に生息。【相模湾産：3〜10cm】

■ chapter 2 pattern ■

ヨメガサ [嫁ケ笠]
Cellana toreuma（Reeve, 1854）
ツタノハガイ科 Patellidae

殻は楕円形，通常は扁平だが，殻高には高低がある。淡灰色や青灰色の地に茶褐色の不規則な斑紋があり，模様の変異が著しい（p126）。北海道南部から九州，沖縄，朝鮮半島，中国に分布し，潮間帯の岩礁に生息。【相模湾産：3〜5cm】

マツバガイ［松葉貝］
Cellana nigrolineata（Reeve, 1839）
ツタノハガイ科 Patellidae

殻は卵形で，殻長は10cmを超える。青灰色や青褐色の地に赤褐色の放射状模様が入る個体が多いが，さざ波模様のあるものや，これに放射状模様が混ざったものもある（p95，p126）。男鹿半島・房総半島から九州，朝鮮半島に分布し，潮間帯の岩礁に生息。【相模湾産：8〜9cm】

■ chapter 2 pattern ■

ニシキウズ［錦渦］
Trochus maculatus Linnaeus, 1758
ニシキウズ科 Trochidae
殻は円錐形，螺肋は顆粒を伴い，周縁は角張る。内唇に歯状突起がある。殻の色や模様は多様（p126）。紀伊半島以南のインド・太平洋に分布し，潮間帯〜水深20m岩礁に生息。【フィリピン産：4〜6cm】

イシダタミ［石畳］
Monodonta labio confusa Tapparone-Canefri, 1874
ニシキウズ科 Trochidae
螺層は膨らみがある。石畳状の彫刻は，粗いものから細かいものまであり，赤，黄，緑などが点々と混ざり込む。殻口内唇に歯状突起があり，奥側は真珠光沢を持つ。北海道南部から九州，朝鮮半島，中国に分布し，潮間帯の岩礁に生息。【相模湾産：2〜3cm】

タマキビ［玉黍］
Littorina brevicula（Philippi, 1844）
タマキビ科 Lottrinidae
殻は小型で，比較的厚く堅固である。体層には3〜5本の螺肋がある。地味だが色彩に変異がある。北海道から九州，朝鮮半島，中国に分布し，潮間帯上部の岩礁に生息。【相模湾産：1〜15cm】

ダンベイキサゴ ［団平喜佐古］
Umbonium giganteum（Lesson, 1833）
ニシキウズ科 Trochidae
殻は低円錐形，表面は平滑で光沢がある。殻底の臍盤部は重厚。通常は灰褐色の地に黒褐色の模様が入るが，色や模様には変異がある。男鹿半島・鹿島灘から九州に分布し，水深3〜20mの砂底に生息。【相模湾産：3〜4㎝】

サラサバイ ［更紗蛽］
Phasianella solida（Born, 1780）
サザエ科 Turbinidae
殻長は最大でも2㎝程度，殻表は滑らかで光沢がある。茶色や赤紅色の地に白色，黒褐色，黄褐色などの更紗模様が入る。色や模様の変異が多い。房総半島以南，インド・西太平洋に分布し，潮下帯〜水深20m岩礁に生息。【相模湾産：1.5〜2㎝】

リュウテン [竜天]
Turbo petholatus Linnaeus, 1758
サザエ科 Turbinidae
殻表は厚く滑らかで光沢があり，模様の変異が多い。殻口の内は淡黄色になる。フタは緑色で，美しく細工に利用される。奄美諸島以南，西太平洋に分布し，潮下帯～水深 30m の岩礁に生息。【ベトナム産／フィリピン産：6～8㎝】

タツマキサザエ [竜巻栄螺]
Turbo reevei Philippi, 1847
サザエ科 Turbinidae
リュウテンに比べ，縫合にくびれがあり，殻口の内唇は白色。フタは緑色や薄い鶯色をしたものがある。相模湾・山口県以南，西太平洋に分布し，水深 5～40m の岩礁に生息。【和歌山県産／オーストラリア産：6～9㎝】

ゴシキカノコ ［五色鹿之子］
Nerita communis (Quoy & Gaimard, 1832)
アマオブネ科 Neritidae

殻の模様の変異は実に多様で，貝の写真集などでは定番の種。フィリピンからインドネシアにかけて分布し，マングローブ林に生息。【フィリピン産：1cm前後】

キムスメカノコ ［生娘鹿之子］
Nerita verginea (Linnaeus, 1758)
アマオブネ科 Neritidae

ゴシキカノコと同様に，殻の模様には多様な変異が見られる。アメリカ・フロリダからブラジルにかけて分布し，潮間帯付近のアマモ場に多産する。【ブラジル産：1cm前後】

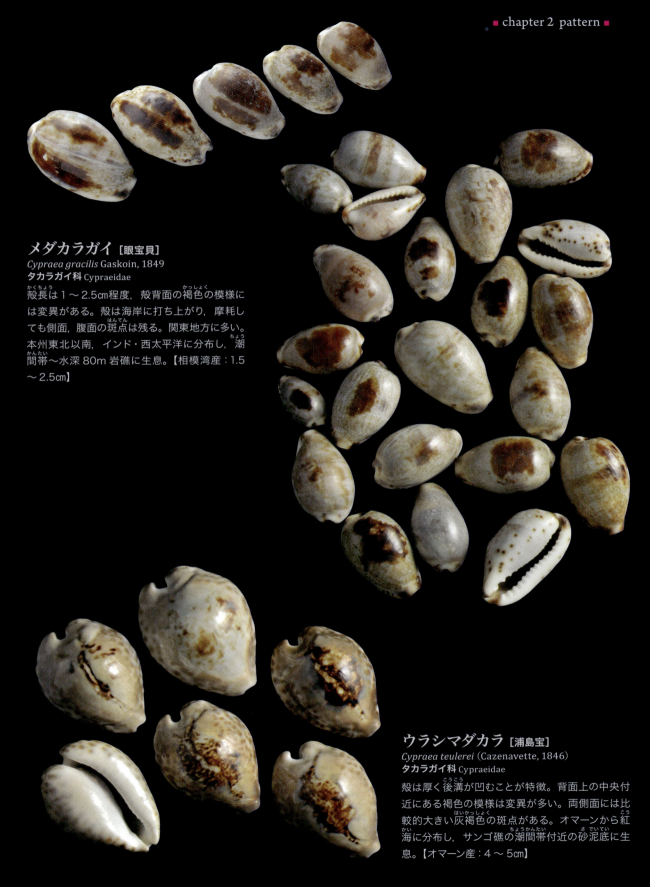

メダカラガイ ［眼宝貝］
Cypraea gracilis Gaskoin, 1849
タカラガイ科 Cypraeidae

殻長は1〜2.5cm程度，殻背面の褐色の模様には変異がある。殻は海岸に打ち上がり，摩耗しても側面，腹面の斑点は残る。関東地方に多い。本州東北以南，インド・西太平洋に分布し，潮間帯〜水深80m岩礁に生息。【相模湾産：1.5〜2.5cm】

ウラシマダカラ ［浦島宝］
Cypraea teulerei (Cazenavette, 1846)
タカラガイ科 Cypraeidae

殻は厚く後溝が凹むことが特徴。背面上の中央付近にある褐色の模様は変異が多い。両側面には比較的大きい灰褐色の斑点がある。オマーンから紅海に分布し，サンゴ礁の潮間帯付近の砂泥底に生息。【オマーン産：4〜5cm】

ヤツシロガイ ［八代貝］
Tonna luteostoma（Küster, 1857）
ヤツシロガイ科 Tonnidae

殻は大きく，殻長20cmを超える。螺肋の数には変化がある。岩礁性の個体は茶褐色が多く，砂地にすむ個体は黄白色の地に褐色の斑点がある（p98）。北海道南部から九州，東シナ海に分布し，潮下帯〜水深200mの岩礁，砂地，砂泥地に生息。【相模湾産：6〜18cm】

■ chapter 2 pattern ■

ミヤシロガイ［宮代貝］
Tonna sulcosa（Born, 1778）
ヤツシロガイ科 Tonnida
黄褐色の殻皮をはがすと，白色と茶色の帯色で彩られるが，全体的に茶色の個体もある。フィリピン付近では総じて大型になるが，日本産は小型。殻長は15cmに達する（p51）。房総半島以南，西太平洋に分布し，水深10〜80mの砂泥底に生息。【フィリピン産：9〜14cm】

タイコガイ ［太鼓貝］
Phalium bandatum (Perry, 1811)
トウカムリ科 Cassidae

殻長は14cmに達する。肩にある瘤状の結節は，個体によって大小があり，これをまったく欠く型もある。黄褐色の四角，格子状，帯状などをした模様がある（p50）。房総半島以南，インド・西太平洋に分布し，水深10〜50mの砂底に生息。【高知県産／フィリピン産：9〜13cm】

■ chapter 2 pattern ■

コダイコガイ ［小太鼓貝］
Phalium aleola（Linnaeus, 1758）
トウカムリ科 Cassidae

殻長は 10cm に達し，殻は比較的厚くなる。通常は白色の地に茶褐色の四角形模様を呈するが，変異がある。相模湾以南，インド・西太平洋に分布し，水深 10 〜 30m の砂底に生息。【フィリピン産：6 〜 7cm】

オトヒメカズラ ［乙姫鬘］
Phalium muangmani Raybaudi Massilia & Prati Musetti, 1995
トウカムリ科 Cassidae

本種はナガカズラおよびコダイコガイに似るが，これより深場にすむ。格子状，帯状など，模様の変異がある。房総半島以南，西太平洋，オーストラリアに分布し，水深 50 〜 180m の砂底に生息。【高知県産／タイ産：6 〜 7cm】

ナガカズラ ［長鬘］
Phalium flammiferum（Röding, 1798）
トウカムリ科 Cassidae

殻長は 10cm に達し，殻質は厚く光沢がある。帯状の褐色模様が入る。前種オトヒメカズラによく似た個体もある (p121, p145)。房総半島から九州，東シナ海，ベトナムに分布し，水深 10 〜 50m の砂底に生息。【相模湾産：7 〜 8cm】

タマウラシマ ［玉浦島］
Semicassis bisulcata pila（Reeve, 1848）
トウカムリ科 Cassidae

殻はウラシマに似るが，いくぶん丸みがあり，四角形の模様はより鮮明である。房総半島から東シナ海，南シナ海に分布し，水深20～80mの砂底に生息。【相模湾産／東シナ海産：5～6cm】

ウラシマ ［浦島］
Semicassis bisulcata pelsimilis Kira, 1959
トウカムリ科 Cassidae

体層にある5列の四角模様は変異があり，紋の出ない型もある。ウニ類を捕食する。底曳網や底刺網によって得られるが，海岸にも打ち上がる（p98，p121）。房総半島以南，西太平洋に分布し，水深10～100mの砂底，砂泥底に生息。【相模湾産：6～7.5cm】

ウネウラシマ ［畝浦島］
Semicassis japonica（Reeve, 1848）
トウカムリ科 Cassidae

ウラシマより深場まで生息し，水深200m付近に生息する小型で丸みがある個体をリュウグウウネウラシマ *S. japonica* var. と呼ぶ。房総半島以南，西太平洋に分布し，水深30～250mの砂底，砂泥底に生息。【相模湾産：7～8cm】

■ chapter 2 pattern ■

スベリウラシマ [滑浦島]
Semicassis bisulcata booleyi（G.B.Sowerby, 1900）
トウカムリ科 Cassidae

タマウラシマに似るが，殻は薄く，薄い黄白色の地に褐色の四角模様が明瞭に並ぶ。フィリピン周辺に分布し，水深 10〜50m 砂底に生息。【フィリピン産：4〜5.5cm】

ヒナヅル [雛鶴]
Casmaria erinacea（Linnaeus, 1758）
トウカムリ科 Cassidae

殻は比較的厚く，老成すると外唇が厚くなる。模様のないものから褐色の縞模様のある個体まである。房総半島以南，西太平洋に分布し，潮下帯〜水深 30m の砂底に生息。【フィリピン産：5〜7cm】

イナヅマタイコ [稲妻太鼓]
Casmaria turgida（Reeve, 1848）
トウカムリ科 Cassidae

形はアメガイ S. Ponderosa に似るが大きく，殻長 9cm になる。稲妻模様を持つ個体が多い。フィリピン付近では時々見られるが，日本では非常に少ない。相模湾以南，西太平洋に分布し，水深 30〜100m の砂底に生息。【フィリピン産：6〜8cm】

バイ［蜆］
Babylonia japonica（Reeve, 1842）
エゾバイ科 Buccinidae

殻は厚い殻皮をかむり，褐色のさまざまな模様が入る。ベイゴマはバイゴマが訛ったもので，昔はバイの殻を切り，中に重り等を詰めて使用した。バイ籠で漁獲されるが，近年は激減している（p43，p152）。北海道南部から九州，韓国に分布し，潮下帯〜水深30mの砂底，砂泥底に生息。【相模湾産：5〜8㎝】

■ chapter 2 pattern ■

チョウセンフデ [朝鮮筆]
Mitra mitra Linnaeus, 1758
フデガイ科 Mitridae
殻は重厚で，殻長16㎝に達する。黄白色の殻皮をかむり，白色の地にさまざまな形の赤色紋が並ぶ。紀伊半島以南，インド・西太平洋に分布し，潮間帯〜水深20mの砂底に生息。【フィリピン産：7〜15㎝】

ベッコウイモ [鼈甲芋]
Conus fulmen Reeve, 1843
イモガイ科 Conidae

殻長は 8cm に達する。褐色の殻皮をかむり，体層に黒紫色の不規則な模様をめぐらす。やや深場に生息し，この模様を欠く型をキラベッコウイモ *C. fulmen* form *kirai* と呼ぶ (p156)。房総半島・男鹿半島から台湾に分布し，潮間帯〜水深 100m に生息。【相模湾産：6〜7.5mm】

マダライモ ［斑芋］
Conus chaldaeus（Röding, 1798）
イモガイ科 Conidae

殻は白色で，体層に 3 〜 5 列並ぶ方形の黒色斑が体層にある。この配列が変わったり模様が抜けるなどの変異が見られる。伊豆半島以南，インド・西太平洋の潮間帯〜水深 10m の岩礁，サンゴ礁に生息。
【フィリピン産：3 〜 4cm】

アカシマミナシ ［赤縞身無］
Conus generalis Linnaeus, 1767
イモガイ科 Conidae

通常は褐色，橙色の模様と縞模様を含む白色帯があるが，色や模様に変異が多い。イモガイ類は殻口が狭く，中身がないように見えるのでミナシという名がある。紀伊半島以南のインド・西太平洋に分布し，潮間帯〜水深 50m のサンゴ礁の砂泥底に生息。【フィリピン産／ベトナム産：7 〜 10cm】

ホンヒタチオビ [本常陸帯]
Fulgoraria prevostiana (Crosse, 1878)
ヒタチオビ科 Volutidae

殻の形態は生息深度や底質の違いによって変化する。褐色の稲妻模様にも変異があり，模様を欠く個体まである (p99，p123，p155)。北海道南部から相模湾に分布し，水深 150 〜 500m の砂泥底に生息。【相模湾産：12 〜 15cm】

■ chapter 2 pattern ■

ジュドウマクラ［寿頭枕］
Oliva sericea Röding, 1798
マクラガイ科 Olividae

殻は重厚で光沢が強く，縫合は深く溝状となる。淡黄褐色（たんこうかっしょく）の地に黒褐色（こくかっしょく）の不規則な模様が入る。模様の変異が多い。紀伊半島以南，インド・西太平洋に分布し，潮（ちょう）下帯（かたい）～水深 30m の砂底に生息。【フィリピン産：6～9cm】

アサリ［浅蜊］
Ruditapes philippinarum（A.Adams & Reeve, 1850）
マルスダレガイ科 Veneridae

殻の模様はヒメアサリより多様。内面は白色で，ヒメアサリのように薄黄色をしたものもある。(p58)。北海道から九州，朝鮮半島，中国に分布し，潮間帯～水深10mの砂泥底，砂礫底に生息。【相模湾産：2～3cm】

ヒメアサリ［姫浅蜊］
Ruditapes variegatus（Sowerby, 1852）
マルスダレガイ科 Veneridae

アサリは内湾的要素の海域を好むが，本種は外洋水の影響を受ける所に生息する。殻の内面は薄黄色や淡桃色をしたものがある。房総半島以南，西太平洋に分布し，潮間帯～水深5mの砂礫底に生息。【相模湾産：2～3cm】

■ chapter 2 pattern ■

ハマグリ [蛤]
Meretrix lusoria（Röding, 1798）
マルスダレガイ科 Veneridae
かつては普通に見られたが，近年は全国的に激減し，絶滅に瀕している。韓国，中国から輸入しているシナハマグリ *M. pethaechialis* を本種の代用として扱かっている。北海道南部から九州，朝鮮半島に分布し，潮間帯〜水深 10m の砂泥底。【相模湾産：5 〜 11cm】

チョウセンハマグリ [朝鮮蛤]
Meretrix lamarckii Deshayes, 1853
マルスダレガイ科 Veneridae

殻は亜三角形で，老成すると厚くなり，殻長は12cmに達する。図のように幼貝のうちは模様の変異が多い。ハマグリは内湾的環境にすむが，本種は外洋に面した砂浜に見られる（p58）。鹿島灘から九州，島根県，中国，台湾に分布し，潮間帯〜水深20mの砂底に生息。【相模湾産：1.5〜2cm】

マツヤマワスレ [松山忘]
Callista chinensis（Holten, 1803）
マルスダレ科 Veneridae

殻には光沢があり，通常は黄褐色の地に藤色の放射線模様をめぐらす。桁網などで得られるが，海が荒れた後，生きたまま打ち上がることがある。房総半島から九州，中国に分布し，水深5〜40mの砂底に生息。【相模湾産：4〜7cm】

ヒヨクガイ [比翼貝]
Cryptopecten vessiculosus（Dunker, 1877）
イタヤガイ科 Pectenidae
殻の色彩は変化に富むが，ここでは茶褐色の地に白色模様がある個体を図示した（p25）。房総半島・男鹿半島から九州，東シナ海，南シナ海に分布し，水深40〜200mの砂礫底に生息。【相模湾産：2〜3㎝】

ニシキガイ [錦貝]
Chlamys squamata（Gmelin, 1791）
イタヤガイ科 Pectenidae
殻は比較的扁平で，縦肋上の鱗状突起を欠く個体もある。色彩，模様に変異が多い。房総半島以南，インド・西太平洋に分布し，水深5〜100mの岩礫底に生息。【相模湾産：3〜4㎝】

放射線模様や雲形模様が入った貝

表面に異なる色が光線のように走る不思議な個体の数々。

ヒメヒオウギ [姫檜扇]
Mimachlamys senatoria (Gmelin, 1791)
イタヤガイ科 Pectinidae

　ヒオウギに似てさまざまな色彩を持つ。やや小型で、肋数は多く鱗状突起は少ない。東南アジアからインド洋の水深5〜20mの岩礁に生息。【フィリピン産：7〜9cm】

■ chapter 2 pattern ■

ヒオウギ [檜扇]
Mimachlamys crassicostata（Sowerby II, 1842）
イタヤガイ科 Pectinidae
殻長15㎝に達する。日本を代表するカラフルな貝。通常の殻色は赤褐色系だが，赤色，黄色，紫色，橙色などがある（p20，p36，p38，p56）。房総半島から沖縄に分布し，水深5〜50mの岩礁に生息。【相模湾産：10㎝】

ヌノメガイ [布目貝]
Periglypta puerperta（Linnaeus, 1771）
マルスダレガイ科 Veneridae
殻は厚く，膨らみが強い。輪肋と放射肋が交わり布目状になる。通常は途切れた褐色帯をめぐらすが（左下図），これらは明瞭な放射線模様が入った個体。紀伊半島以南，西太平洋に分布し，潮間帯〜水深20mの砂底に生息。【フィリピン産：6㎝，7㎝】

ニュージーランドイタヤ [ニュージーランド板屋]
Pecten novaezelandidae Reeve, 1853
イタヤガイ科 Pectinidae
殻は大きく殻長15㎝を超える。右殻には16〜18本の肋がある。図のように線の模様で区切られた個体は珍しい。ニュージーランドに分布し，潮下帯〜水深50mの砂底に生息。【ニュージーランド産：9㎝】

タマキガイ [玉置貝]
Glycymeris vestita（Dunker, 1877）
タマキガイ科 Glycymerididae
殻は類円形で重厚。厚い殻皮がある。色彩に変異があり，殻全体が褐色のものや，白地にジグザグ模様や斑点のあるものなどがある（p57）。北海道南部〜九州に分布し，水深5〜50mの砂底に生息。【高知県産：6.5㎝】

正常個体

■ chapter 2 pattern ■

ツキヒガイ ［月日貝］
Yulistrum japonicm japonicum（Gmelin, 1791）
イタヤガイ科 Pectinidae
殻は円形で膨らみは弱い。右殻は暗紅色、左殻は黄白色で，和名はこれを太陽と月に見立てたもの。通常は殻に模様がないが，このように放射線模様や雲状模様が入った個体がごく稀にある。かなり遊泳する。食用にもされる。房総半島・山陰地方から九州に分布し，水深5〜50mの砂底に生息。【相模湾産／和歌山県産：殻長9〜12cm】

三角模様が入った貝

幾何学のフラクタル概念に一致する三角模様のある貝。

ツボイモ [壺芋]
Conus aulicus Linnasus, 1758
イモガイ科 Conidae

大型のイモガイで，殻長14㎝以上になる。茶色の地に白色の大小さまざまな三角状模様が入り，これが部分的に消えたものもある。奄美諸島以南，インド・西太平洋に分布し，潮下帯〜水深30mのサンゴ礁の礫底に生息。【フィリピン産／南シナ海産：殻長8.5〜14.5㎝】

タガヤサンミナシ [鉄刀木身無]
Conus textile Linnaeus, 1758
イモガイ科 Conidae

殻長は12㎝を超える。三角状の模様の大きさがさまざまで，密集したり，まばらになったりする。本種の毒矢には強い毒性があり，刺されると死亡する恐れがある。和名のタガヤサンとは東南アジアに分布する広葉樹のこと。紀伊半島・山口県以南，インド・西太平洋に分布し，潮間帯〜水深50mの岩礁，サンゴ礁の砂礫底に生息。【沖縄産／フィリピン産：7〜12㎝】

■ chapter 2 pattern ■

サラサガイ［更紗貝］
Liochoncha fastigiata（Sowerby, 1851）
マルスダレ科 Veneridae
殻長は 4cm くらいになる。三角形状をした幾何学的な更紗模様があり，これが和名の由来。紀伊半島以南，西太平洋に分布し，潮間帯〜水深 20m の砂底に生息。【奄美大島産：2.5〜3.5cm】

マルオミナエシ［丸女郎花］
Liochoncha castrensis（Linnaeus, 1758）
マルスダレ科 Veneridae
殻は厚く，殻長 5cm くらいになる。三角模様やジグザグ模様には変異が多い。本種の殻は幾何学模様の例として取り上げられる。紀伊半島以南，西太平洋，オーストラリアに分布し潮下帯〜水深 20m の砂底に生息。【フィリピン産：3〜5cm】

不思議な模様

さまざまな形や姿を連想するような面白い模様を持った貝。

■ chapter 2 pattern ■

マツバガイ ［松葉貝］
Cellana nigrolineata（Reeve, 1839）
ツタノハガイ科 Patellidae

本種の殻内面の模様は変異があり，デフォルメされた人物画のようにも見える（p66，p126）。男鹿半島・房総半島から九州，朝鮮半島に分布し，潮間帯の岩礁に生息。【相模湾産：6〜10cm】

ベニタケ ［紅竹］
Terebra dimidiate（Linnaeus, 1758）
タケノコガイ科 Terebridae

薄紅色の地に入る白色模様には音符のような形をしたものもある。紀伊半島以南，インド・西太平洋に分布し，潮間帯〜水深30mの砂底に生息。【沖縄産：9〜10cm】

ガクフボラ ［楽譜法螺］
Voluta musica Linnaeus, 1758
ガクフボラ科 Volutidae

殻は厚い。和名は楽譜のような模様にちなむ。カリブ海に生息し水5〜30mの砂底，砂泥底に生息。【カリブ海産：6〜7cm】

■ chapter 2 pattern ■

直線が入った貝

まるで定規で弾いたような直線が入っている。

ベンケイガイ [弁慶貝]
Glycymeris albolineata（Lischke, 1872）
タマキガイ科 Glycymerididae
殻は厚く放射肋がある。殻皮をかむり，殻表は全体に褐色。これは殻の内面に人工的に描いたような直線のある個体。生きた個体は桁網で得られるが，殻は海岸に打ち上がる。北海道南部から徳之島に分布し，水深3〜20mの砂底に生息。【愛知県産：9cm】

模様を欠いた貝

模様を欠いた個体はアルビノと違って下地の色が残っている。
※【 】内は「模様を欠いた貝」を示す。

ヤツシロガイ ［八代貝］
Tonna luteostoma（Küster, 1857）
ヤツシロガイ科 Tonnidae

殻長は20cmを超える。通常の個体には褐色の斑点があるが、図のような無紋の個体も出現する（p72）。北海道南部から九州、東シナ海に分布し、潮下帯〜水深200mの岩礁、砂地、砂泥地に生息。【相模湾産：18cm】

ゴマフダマ ［胡麻玉］
Natica tigrina（Röding, 1798）
タマガイ科 Naticidae

本種の特徴である胡麻斑模様をつくらなかった珍しい個体。しかし、殻の地の色が残っているのでアルビノではない。三河湾以南、インド西太平洋の潮間帯〜水深20mの砂泥底に生息。【黄海産：3cm】

クロユリダカラ ［黒百合宝］
Cypraea gutata Gmelin, 1791
タカラガイ科 Cypraeidae

通常は円形模様が現れるが、これは模様を欠いた例。無紋の個体はホンクロユリダカラ *C. gutata azumai* と呼ばれる型に出現率が高い。紀伊半島以南、スミス列岩、東南アジア、東オ〜ストラリアに分布し、水深50〜200mの泥礫底に生息。【東シナ海産：5cm】

ウラシマ ［浦島］
Semicassis bisulcata pelsimilis Kira, 1959
トウカムリ科 Cassidae

殻の四角模様は、鮮明に出るものから不鮮明なものまである。まったく模様のない個体もある。インド・西太平洋に分布する無紋の *Semicassis bisulcata diuturna* に似る（p76, p121）。房総半島・能登半島以南、西太平洋に分布し、水深10〜100mの砂底、砂泥底に生息。【相模湾産：6cm】

シマミクリ ［縞三繰］
Siphonalia signa（Reeve, 1846）
エゾバイ科 Buccinidae

通常、顕著な縞模様が入るが、図は地の色を残して模様をつくらなかった珍しい個体。アルビノではない（p53）。遠州灘から九州に分布し、水深10〜30mの砂底に生息。【愛知県産：6cm】

■ chapter 2 pattern ■

正常個体

ホンヒタチオビ [本常陸帯]
Fulgoraria prevostiana (Crosse, 1878)
ヒタチオビ科 Volutidae

通常は稲妻模様をめぐらすが，稀に模様を欠く個体がある。スハダヒタチオビ *Fulgoraria* (*Nipponomelon*) *carnicolor* は本種の無紋型である。同様の例としてイトマキヒタチオビ *F. hamllei* の模様がなくなったコガネヒタチオビ *F. Rupestris* form *aurantia* がある (p82，p123，p155)。北海道南部から相模湾に分布し，水深150～500mの砂泥底に生息。【相模湾産：12～15cm】

正常個体

正常個体

イトマキヒタチオビ [木目常陸帯]
Fulgoraria rupestris (Crosse, 1869)
ガクフボラ科 Volutidae

本種の模様を欠いた個体はアルビノ(p54)とは異なり，地色が残っている。この型にはコガネヒタチオビ *F.rupestris* form *aurantia* という名が付けられている。四国から東シナ海に分布し，水深50～200mの砂泥底に生息。【東シナ海産：殻長7cm】

モクメヒタチオビ [木目常陸帯]
Fulgoraria fumerosa Rehder, 1969
ヒタチオビ科 Volutidae

殻表にはジグザグ模様が入るが，これは地の色を残して模様だけを欠いた個体でアルビノとは異なる。南シナ海に分布し，水深250～350mの泥底に生息。【南シナ海産：12cm】

クロフモドキ ［擬黒斑］
Conus leopards (Röding, 1798)
イモガイ科 Conidae

殻は重厚で大型，殻長は18cmに達する。殻表一面に黒色斑点をめぐらすが，老成した個体には無紋のものも見られる。【鹿児島県産：16cm】

正常個体

正常個体

模様の乱れ

通常の模様のパターンを離れ，乱れた模様を形成することがある。
※［　］内は「模様の乱れた貝」を示す。

ナンヨウクロミナシ ［南洋黒身無］
Conus marmoreus marmoreus Linnaeus, 1758
イモガイ科 Conidae

通常は黒地に三角形の模様を殻全体にめぐらすが，この模様が変形した個体もある。奄美群島以南，インド・西太平洋に分布し，潮間帯〜水深30mのサンゴ礁の砂礫底に生息。【フィリピン産：7〜8cm】

正常個体

カノコダカラ ［鹿之子宝］
Cypraea cribraria Linnaeus, 1758
タカラガイ科 Cypraeidae

褐色の地に白い斑点のある鹿ノ子模様にずれを生じた個体。本種にはこのような例がしばしばある。房総半島以南，インド・西太平洋に分布し，潮間帯〜水深20mの岩礁に生息。【フィリピン産：2〜3cm】

貝の保管

■ column ■

生物コレクションの中でも貝は不精な人に向いているといわれる。確かに昆虫や，液浸の魚類のなどと比べると保管に苦労はなさそうにみえる。防腐剤や液の交換もいらない。しかし，それは本当だろうか？　まずは，貝を採集して保管するまで行うべき作業を述べよう。

海で拾った貝は真水でよく洗うことが必須だ。塩分や砂を含むからである。そのまま乾燥させると，湿気を呼び，カビが出て色褪せが起きたり，塩の結晶で貝に傷をつけることになる。

海岸に打ち上がるほとんどの貝は殻だけだが，たまに中身が残っているものもあり，これは除去しなければならない。ここでは貝の身の抜き方を割愛するが，大まかにいえば，2通りある。生きている個体は，茹でればよいが，変色したり亀裂ができたり欠点がある。もうひとつは腐敗させて抜く方法で，この方は色が保たれ，亀裂もできない。しかし，貝を水の中につけて腐敗させると，光沢を失うので要注意だ。打ち上がった貝で中身の入ったものは，殻の中に水をいれて逆さに置いて腐敗させればよい。

中の肉が抜けたら，よく洗って日陰で乾燥させ，分類した後，ひとつひとつに種名，採集地，採集日，採集者などを書き込む。小型の貝はチャック付きビニル袋にラベルとともに入れると整理がつく。壊れそうな貝はプラスチックケースなどに入れる。貝専用の標本ケースも市販されているので使うと便利である。この中にクッション用に脱脂綿や真綿等を用いることが多いが，時が経つとこれらから酸性物質が出て貝殻を腐食するといわれる。綿の種類によるかもしれないが，著者の経験では40年くらい経ても貝に変化は見られない。貝に悪影響を与えないためにはアクリル系の綿が良好といわれる。

チャック付きビニル袋やプラスチックケースに入れた貝は，さらに箱などに収納し，何が入っているかを明記する。また引き出しに入れる方法もあり，市販されているスチール製やプラスチック製などの書類ケースを利用するのがよい。揃ったコレクションを所有するコレクターの中には標本に合わせた木製の引き出しをオーダーする人もいる。

しかし，木製の引き出しは要注意である。家具と同様，防腐用のほとんどにホルムアルデヒドが使われ，合板には酢酸系の樹脂が使われているからである。これらの薬品の酸性物質と貝の炭酸カルシウムが化学反応し，貝殻を腐食させてしまう。これを「バイン氏変質」と呼んでいる。バイン氏変質が認められたら速やかに真水で洗うことだ。しかし，すぐに処置してもタカラガイなどは光沢がなくなり手遅れだ。

貝を箱や引き出しに入れて整理するには，分類別，産地別あるいは，自分なりに出しやすい方法で分けるとよい。

標本ケース入りの貝

種類は多いので，本気に
まる。ましてや長い経験
万点の標本を持つ人も多
くなる。中には貝の重み

不精な人に向いている

引き出しに入った貝の標本

chapter 3　form

形

貝殻には，よく知られたサザエのように，棘があったりなかったりと，形のバリエーションも多く見られます。またおよそ90%の巻貝が右巻きですが，その右巻きの貝の中にも左巻きのものも見つかっています。ここでは非常に珍しいこれらの標本も見ていきましょう。

オオイトカケ
Epitonium scalare

　貝の形はどうみても自然の芸術品としか思えない。10万種以上もある貝それぞれがバランスよくデザインされ，言い換えれば10万以上の形があるわけだ。なかでも象徴的なオオイトカケやチマキボラには，見る人誰もが惹きつけられる。精巧な形をしたアッキガイ類やカセンガイ類を好むコレクターも多い。コレクション歴の長い人は，意想外の形が見られる小型種や微小種へと興味が向くようだ。
　二枚貝にも長い棘を具えた幻想的なマボロシハマグリ *Pitar lupanaria* や，鰭状の輪肋がほどよく並んだユメハマグリ，また一度外すとほとんど元に戻せないオオキララ *Acila divaricata* の鉸歯の形状などがあり，目が離せない。

　自然界に見られる対数螺旋（等角螺旋・ベルヌーイの螺旋）は，貝殻にもあることがよく知られている。これは巻きに伴い，等差的な幅で広がっていくもので，貝の形をつくる基礎になっている。この法則が応用されていることが一目瞭然なのは，巻貝やオウムガイ *Nautilus pompilus* に代表されるが，実は巻いているように見えないカサガイ類や二枚貝にも同様である。
　千差万別の形をした貝は，当然ながら他物に似たものが多い。ウノアシ（鵜之脚），カサガイ（笠貝）*Cellana mazatlandica*，クルマガイ（車貝），ホネガイ（骨貝），イチョウガイ（銀杏貝），フデガイ（筆貝）*Mitra inquinata*，キリガイ（錐貝）

チマキボラ
Thatcheria mirabilis

ユメハマグリ
Callanaitis hiraseana

103

Terebra triseriata，ウグイスガイ（鶯貝），シャクシガイ（杓子貝）*Cuspdaria staindachneri*，アオイガイ（葵貝）*Argonauta argo* などの名前が付けられている。

◆同種における形のバリエーション

　貝殻の形は同一種内においてほぼ一定の形をしているものもあれば，変異する種類もある。これには殻全体が変異する場合と，殻の彫刻，肋，棘，突起，疣，瘤など部分的なもの，あるいは大きさの違いもある。

　たとえば，タマキビは大方決まった形をしており，変異といえば螺塔に高低がある程度である。しかし，サザエには有棘型と無棘型があり，見た目がまったく違う。また，コナルトボラの殻上の瘤は顆粒状になったりし，あたかも別種のようだが，多くの個体を並べると連続していることがわかる。これらが遺伝的または環境的な要因に起因する場合と，その両方による場合とが考えられるが，線引きは難しい。

　遺伝的な変異として，ホラガイやエゾバイ類の殻の大小がある。雌は大きく，雄は小型であることが知られ，これらは性的二型の例である。タカラガイには標準サイズをはるかに下回る矮小型が出るが，これに当てはまるかどうかはわからない。

　また成長に伴って殻の形が変化する種類もある。タカラガイ科やソデボラ科などに顕著で，これが同定に支障をきたしている。タカラガイの幼貝は，成貝のように口が完成されず，多くは殻の模様も異なる。マガキガイの幼貝は，殻口が肥厚しないので，初心者にはイモガイとよく間違えられる。

　成長段階で形状が変化しないように見えても，老成すると形が変わるものがある。たとえば十分に老成したサザエは，外唇上部が重厚になって殻口が外側に開き，前水管溝も伸びて分厚くなる。若い個体と比べると貫禄に満ちている。

　環境要因によると考えられる殻の変異もあり，その他の変異も加えて以下に述べよう。

★巻き方の違いによる形の変異の例

　貝殻の形は遺伝的に決まっているが，巻き幅は同種でも微妙に違う。ここでは幅を狭く巻くものを細型，広く巻くものを太型と称した。また，巻きは縫合の位置の上下によって細くも太くもなる（p120〜p123）。

★フリーク

　殻が変形したものをフリークという。何らかの突然変異によって殻の成長が出発段階から変形しているものもあり，体層が角張ったり，縫合がくびれたりしたものもある。これらの場合は整った形のものが多い。また成長の途中で外套膜が故障した場合は，その段階から変形を生じ，多くは不安定な形になる。

　殻に着いた付着物による成長阻害によって変形が起きることもよくある。フジツボ類やシマメノウフネガイ *Crepidula onyx* などが付くことで，これらを巻き込んだり，避けたりするため歪に変形してしまう（p124〜p157）。

★逆旋

　貝殻の螺旋には右巻，左巻，平巻がある。螺塔を上に向け，真上から見て巻きが時計回りなら右巻，その反対が左巻である。また螺塔を上にして殻口を手前に向けたとき，側面から見て殻口が右側になるのが右巻，左側になるのが左巻である。平巻はオウムガイのように平らに巻き，上下も左右もないものをいう。

　巻きの方向は種類によって決まっているが，なぜか世界の貝のおよそ90％が右巻きである。本項では元来右巻の貝が左巻になった逆旋個体を図示している（p158〜p165）。

イチョウガイ
Homolocantha anatomica

クルマガイ
Architectonica trochlearis

●環境要因による殻の変異

　生息環境の違いによって種内で殻の形が変異するものがある。

　底質の違いの一例としてアサリがあり、泥底に生息するものは砂地のものより後端が伸びず、殻全体が丸く見える。

　生息深度の差では、たとえばボウシュウボラやカコボラは、潮下帯から水深20m位にいるものと比べ、水深100m以深では殻が細く、小型になる傾向が強い。

　固着面の凸凹などによって形が変わるのは、カキ類やウミギク類など。オオヘビガイも、固着面や周囲のスペースによって殻が伸びたり短くなったりする。

◆形の意味

　貝殻そのものの役割は、身を防御することが一般的な解釈である。そのうえで貝の形には次のような意味があると考えられている。

★生活様式に合わせる

　生活様式に合わせた形をしているとよくいわれるが、これは貝に限らず他の生物にも共通することである。大雑把にいえば、貝の形には砂に潜りやすい形、他物に付着や固着するのに適した形、岩を削るための構造、周囲に目立たない形状をしているなどがあり、これらにはタマガイ類やマテガイ Solen stritus など砂に潜りやすい形、カサガイ類の波の衝撃を避けるための形、石の裏にいるアオガイ Nipponoacmea schrenckii などの極めて扁平な殻形、岩に穴を開けるために殻にヤスリ状の彫刻を持つ穿孔貝のカモメガイ Penitella kamakurensis など、岩肌に合わせたイソバショウの肋やレイシの疣などがあげられる。

★防御のため

　貝の棘は捕食者から身を守るための防御であると考えられている。典型的なものとしてホネガイのような形状をしたアッキガイ科の巻貝、二枚貝ではショウジョウガイなどウミギク科の種類があげられる。

★安定のため

　砂中に潜らず砂上にいる貝は、潮に流されることがある。転がったり、ひっくり返らないようになっていると思われ、ハリナガリンボウの長い棘や、マツカワの羽状の縦張肋はこの役目を担っている。また、安定を保つためにキヌガサ Stellaria exutus の殻周縁は波型をしており、クマサカガイ Xenophora pallidula は、自分の殻に他の貝や石などを付けて周縁をギザギザにしている。イタヤガイの右殻の膨らみは、砂上での安定と殻口が砂に埋まらないためと考えられる。

　貝にはあまりにも奇抜な形をしたものが多く、「形の意味」の全てを説明することは難しい。結局は「自然の造形」などという決まり文句で締めくくられる。

ウグイスガイ
Pteria brevialata

ホネガイ
Murex pecten

マツカワ
Biplex perca

さまざまな形を持つ貝

異なる種類かと見紛うばかりの多彩な形に変化する貝。

クロアワビ［黒鮑］
Haliotis discus discus Reeve, 1846
ミミガイ科 Haliotidae

殻長は22cm程度になり，かつては生きた個体の重量が1.5kg以上のものもあった。螺肋には強弱があり，殻表がほとんど平滑なものもある（p12, p125, p170, p171）。北海道南部（太平洋側は茨城県以南）から九州に分布し，潮間帯〜水深20mの岩礁に生息。【相模湾産：15cm, 18cm】

メガイアワビ［雌貝鮑］
Haliotis gigantea Gmelin, 1791
ミミガイ科 Haliotidae

殻長は23cmに達する。クロアワビと同様に螺肋の出方に変異があり，殻の膨らみにも強弱がある。(p13, p14, p124, p171)。北海道南部（太平洋側は房総半島以南）から九州に分布し，潮下帯〜水深30mに生息。【相模湾産：12〜14cm】

■ chapter 3 form ■

ツタノハガイ ［蔦之葉貝］
Scutellastra flexuosa（Quoy & Gaimard, 1834）
ツタノハガイ科 Patellidae
殻は比較的扁平で，殻頂部から周縁に向けて顕著な8本前後の肋があり，その間に細かい肋がある。殻の形態には変異がある。男鹿半島・房総半島以南，インド・西太平洋に分布し，潮間帯〜水深10mの岩礁に生息。【相模湾産：3〜6cm】

ウノアシ ［鵜之脚］
Patelloida saccharina form *lanx*（Reeve, 1855）
ツタノハガイ科 Patellidae
殻には8本の強い肋があり，周縁の突起には強弱がある。和名は形が鵜の足に見立てたもの。リュウキュウノアシ *P.saccharina* は南方に分布する。男鹿半島・房総半島から九州，奄美，朝鮮半島に分布し，潮間帯の岩礁に生息。【相模湾産：3〜4.5cm】

ヘソアキクボガイ [臍開久保貝]
Chlorostoma turbinatum A.Adams, 1853
ニシキウズ科 Trochidae

殻はクボガイに似るが，螺塔はやや低く，彫刻は細かい。通常，成貝の臍孔は開くが，滑層に覆われて閉じた個体もある。北海道南部から九州に分布し，潮間帯〜10mの岩礁，転石地帯に生息。【相模湾産：3〜4cm】

クボガイ [久保貝]
Chlorostoma lischkei Tapparone-Canefri, 1874
ニシキウズ科 Trochidae

殻表には縦肋と弱い螺肋があるが，ほとんど平滑な個体もある。臍孔は幼貝では開くが，成長すると滑層に覆われて閉じる。しかし，成貝でも開いたままのも稀にある。北海道南部から九州，朝鮮半島に分布し，潮間帯〜10mの岩礁に生息。【相模湾産：3〜4cm】

ハリサザエ [針栄螺]
Molma modesta（Reeve, 1843）
サザエ科 Turbinidae

薄い赤褐色で，大小の顆や小棘に覆われ，通常は周縁に2，3列の棘が出る。殻表が滑らかな個体や顆粒の顕著などの変異がある（p120）。房総半島・能登半島〜東シナ海の水深10〜100mの岩礁に生息。【相模湾産／高知県産：5〜6cm】

■ chapter 3 form ■

ヒラサザエ [平栄螺]
Pomaulax japonics (Dunker, 1844)
サザエ科 Turbinidae
殻は大型，円錐形で殻径15cmに達し，周縁に歯車状の突起がある。この突起が長い型と短い型がある。蓋は白色で横長の四角形をしている。岩手県・男鹿半島から九州に分布し，水深10〜60mの岩礁に生息【相模湾産：12〜15cm】

サザエ［栄螺］
Turbo sazae Fukuda, 2017
サザエ科 Turbinidae

本種には有棘型と無棘型があり，有棘型は体層に1列から5列の棘を生ずるが，2列のものが多い。環境によっては，ナンカイサザエ *Turbo cornutus* のように肩と縫合の間に棘をもつ個体もある。無棘型は内湾的要素のある海域に多いが，外洋の波の荒い環境にも見られる（p17，p46，p127）。北海道南部（太平洋側は房総半島）から九州，朝鮮半島に分布し，潮下帯〜水深50 mの岩礁に生息。【相模湾産：殻長8〜15㎝】

chapter 3 form

チョウセンサザエ ［朝鮮栄螺］
Turbo argyrostomus Linnaeus, 1758
サザエ科 Turbinidae
殻は厚質で太い螺肋が顕著である。棘が螺肋上全面に出る個体からまったくないものまである。種子島，屋久島・小笠原諸島以南，インド・西太平洋に分布し，潮間帯〜水深 30m の岩礁に生息。【北硫黄島／沖縄産：6 〜 9㎝】

■ chapter 3 form ■

オオヘビガイ［大蛇貝］
Serpulorbis imbricatus（Dunker, 1860）
ムカデガイ科 Vermatidae

殻の巻き方は不規則で，巻が離れた個体もある。殻表には通常不規則な螺肋があるが，ほとんどないものもある。岩礁に固着生活し，粘液を海中に張ってこれに絡まる有機物を餌にする。北海道南部〜九州，中国に分布し，潮間帯〜水深20mの岩礁に生息。【相模湾産：4〜7cm】

ナンバンカブトウラシマ ［南蛮兜浦島］
Echinophoria wyvillei（Watson, 1886）
トウカムリ科 Cassidae
通常は肩部にやや尖った結節が並ぶ。*E.oschei* は結節の強い型。疣の列が体層に出た個体はカブトウラシマとよく似る。殻全体が平滑な個体もある (p50)。房総半島以南，西太平洋，オーストラリアに分布し，水深 200〜300m の砂泥底に生息。【鹿児島県産：9〜10㎝】

ニクイロカブトウラシマ ［肉色兜浦島］
Echinophoria carnosa Kuroda & Habe in Habe, 1961
トウカムリ科 Cassidae
殻は白色と肌色とがある。通常は体層に疣が5〜6列あるが，稀にこれを欠き，平滑な個体もある。カブトウラシマに似るが，本種のフタは厚くて大きい。遠州灘以南，東シナ海，オーストラリアに分布し，水深 250〜400m の砂泥底に生息【鹿児島県産：9〜10㎝】

カブトウラシマ ［兜浦島］
Echinophoria kurodai（Abott, 1968）
トウカムリ科 Cassidae
殻色は薄い肌色で光沢がある。殻口は白色で，体層には疣が4，5列ほどある。フタは前2種より小さい (p50)。房総半島以南，東シナ海，オーストラリアの水深200〜300m の砂泥底に生息。【鹿児島県産：6〜7㎝】

■ chapter 3 form ■

オオナルトボラ ［大鳴門法螺］
Tutufa bufo（Röding, 1851）
オキニシ科 Bursidae
殻は重厚で，殻長20cmを超える。殻口は赤紅色で，外唇，内唇がラッパ状に開く型と，閉じた型とがある。殻表の結節にも強弱がある。(p52)。房総半島・山口県以南，インド・西太平洋に分布し，水深10～50mの岩礁に生息。【相模湾産：16cm，18cm】

コナルトボラ ［小鳴門法螺］
Bursa ranelloides（Reeve, 1844）
オキニシ科 Bursidae
殻表に比較的大きい瘤列がある型と，体層全体に細かい顆粒がある型があるが，これらは連続する。殻口の内唇側には黒色の筋模様がある。房総半島以南，インド・西太平洋の水深30～300mの砂礫底，岩礁に生息。【相模湾産：6～7cm】

イセヨウラク［伊勢瓔珞］
Pteropurpura adunca（Sowerby, 1834）
アッキガイ科 Muricidae

翼が広がるものや縮むものなどの変異があるが，生息深度の違いによることが多い。特に深場の個体はヨウラクガイ *P. falcata* と区別の難しい個体もある。(p52)。北海道から東シナ海に分布し，水深 10〜200m の砂礫底，岩礫底に生息。【相模湾産：4〜5cm】

イソバショウ［磯芭蕉］
Ceratostoma fournieri（Crosse, 1861）
アッキガイ科 Muricidae

殻の翼がヒレ状になったものから，ほとんど出ないものまで変異がある。一般に殻色だが，白色との縞のある個体もある（p52）。本州東北地方から九州，日本海に分布し，潮間帯〜水深 100m の岩礁に生息。【相模湾産：3〜5cm】

レイシガイ［茘枝貝］
Thais bronni（Dunker, 1860）
アッキガイ科 Muricidae

螺肋上にある結節の大きさには大小があり，中にはほとんど発達しない滑らかなものまである。結節は黒色を呈するが色のないものもある。(p43，p123)。北海道南部から九州，中国に分布し，潮間帯〜水深 50m の岩礁に生息。【相模湾産：5〜6cm】

センジュガイ［千手貝］
Chicoreus palmarosae（Lamarck, 1822）
アッキガイ科 Muricidae

殻表は褐色で、殻口内面は白色。棘の発達には強弱がある。本種に似るセンジュモドキは殻口が黄橙色で棘の数も多い。相模湾以南、インド・西太平洋の水深5～30mの岩礁に生息。【和歌山県産／フィリピン産：12～13㎝】

オニサザエ［鬼栄螺］
Chicoreus asianus Kuroda, 1942
アッキガイ科 Muricidae

殻は大きく、殻長17㎝を超える。棘の発達には強弱がある。深場の潮通し良好な場では、棘が長くなる傾向がある。房総半島・能登半島から九州、中国、ベトナムに分布し、潮間帯～水深60mの岩礁に生息。【相模湾産／和歌山県産：10～15㎝】

センニンショウジョウ［仙人猩々］
Spondylus cumingi Sowerby, 1847
ウミギク科 Spondylidae

ショウジョウガイに色彩,形態が似るが,小型で棘は薄く鰭状になって縮れる。底刺網にかかってくる。紀伊半島以南,西太平洋に分布し,水深10〜60mの岩礁に生息【和歌山県産：3〜9cm】

■ chapter 3 form ■

カゴガイ ［籠貝］
Fimbria soverbii（Reeve, 1841）
カゴガイ科 Fimbriidae

殻は楕円形で比較的厚く，輪肋が規則的に並ぶ。日本産の個体は輪肋間が狭いが，オーストラリア産のものでは幅が広い。奄美諸島，オーストラリア北部に分布し，潮下帯〜水深10mの砂底に生息。【沖縄産／オーストラリア産：4〜8㎝】

チヂミイワホリガイ ［縮岩掘貝］
Pseudoirus mirabilis（Deshayes,1853）
イワホリガイ科 Petricolidae

泥岩に穿孔しているため，殻の形態は一定しない。成長肋も規則的ではなく，凸凹したものもある。殻は海岸に打ち上がり，両殻が揃ったものもある。北海道南部から九州に分布し，潮下帯〜水深20mに生息。【相模湾産：1.5〜3㎝】

細型と太型

殻の形成時に，巻き幅を狭くして巻く（細型）ものと，広く巻く（太型）ものとがある。

オキナエビス［翁恵比須］
Mikadotrochus beyrichii（Hilgendorf, 1877）
オキナエビス科 Pleurotomariidae
通常は殻長と殻径がほぼ等しい円錐形をしているが，図のような個体もある。本種は網の損傷を受けやすい深場の岩礁にすむため，漁業者が操業を敬遠し，得難くなっている（p15，p46）。房総半島，相模湾，伊豆諸島，小笠原諸島，紀伊半島に分布し，水深50〜200mの岩礁に生息。【相模湾産：7cm，9cm】

ベニシリダカ［紅尻高］
Tectus conus（Gmelin, 1791）
ニシキウズ科 Trochidae
殻は円錐形，赤色の地に白色の縞模様が入る。日本産と西太平洋産の個体では模様に違いがある（p126）。紀伊半島以南，西太平洋に分布し，潮下帯〜水深10mの岩礁に生息。【和歌山県産（右）／フィリピン産（左）：4cm，5cm】

ハリサザエ［針栄螺］
Bolma modesta（Reeve, 1843）
サザエ科 Turbinidae
殻は薄い赤褐色で大小の顆粒や小棘に覆われ，通常周縁には2, 3列の棘がある。楕円形をした白色の蓋を持つ（p108）。房総半島・能登半島〜東シナ海の水深10〜100mの岩礁に生息。【相模湾産：5cm，6cm】

ヒダトリガイ［襞取貝］
Strombus labiatus（Röding, 1798）
ソデボラ科 Strombidae
縦肋が顕著で，肩部で瘤状になる。殻表の色や模様には変異がある，殻口内は褐色で多数の筋がある。別名フトスジムカシタモト。奄美諸島以南，インド・西太平洋に分布し，潮下帯〜水深10mの砂底に生息。【フィリピン産：3cm，5cm】

■ chapter 3 form ■

ウラシマ ［浦島］
Semicassis bisulcata pelsimilis Kira, 1959
トウカムリ科 Cassidae

殻の模様に変異が見られるが，形態は比較的安定しており，特に左図のような細型は少ない。浅場に生息しているものは，台風の後に生きた状態で打ち上がる（p76, p98）。房総半島以南，西太平洋に分布し，水深 10〜100 m の砂底，砂泥底に生息。【相模湾産：6cm, 7cm】

フジツガイ ［藤津貝］
Cymatium lotorium（Linnaeus, 1758）
フジツガイ科 Ranellidae

殻は重厚で，結節は大きく瘤状になる。殻口の外唇側は黒と黄褐色の縞になり，内唇側に 2 個の黒点がある（p148）。房総半島以南，インド・西太平洋の潮下帯〜水深 30m の岩礁に生息。【和歌山県産：9cm, 11cm】

ナガカズラ ［長鬘］
Phalium flammiferum（Röding, 1798）
トウカムリ科 Cassidae

殻は厚く，光沢があり，帯状の褐色模様がある。底曳網などから得られるが，場所によっては海岸に打ち上がる（p75, p145）。房総半島から九州，東シナ海，ベトナムに分布し，水深 10〜50m の砂底に生息。【相模湾産：7cm, 8cm】

シノマキ ［篠巻］
Cymatium pileare（Linnaeus, 1758）
フジツガイ科 Ranellidae

殻は褐色で細かい螺肋があり，厚い殻皮をかむる。内唇と外唇は赤く，白色の襞がある。房総半島以南，インド・西太平洋の潮間帯〜水深 30m の岩礁に生息。【フィリピン産：9.5cm, 11cm】

ボウシュウボラ ［房州法螺］
Charonia lampas sauliae (Reeve, 1844)
フジツガイ科 Ranellidae

水深150m以深に生息するナンカイボラ *C. lampas sauliae* f. macilenta には細型が見られる。カコボラ *Cymatium parthenopeum* の深場型にも同じ傾向がある（p18）。房総半島・島根県以南，東シナ海，南シナに分布し，潮下帯〜水深250mの砂礫底，岩礁に生息。【相模湾産：22cm，15cm】

スギタニセコバイ ［杉谷世古蜆］
Colubraria muricata (Lightfoot, 1786)
セコバイ科 Colubrariidae

セコバイ類中最大の種，殻長11cmに達し，比較的重厚。殻表は縦肋と螺肋が交わり布目状となる。駿河湾以南，インド・西太平洋に分布し，水深5〜40mの岩礁に生息。【フィリピン産：6cm，8cm】

センジュモドキ ［擬千手］
Chicoreus torrefactus (Sowerby, 1842)
アッキガイ科 Muricidae

殻は焦茶色。センジュガイに似るが棘の数は多く，殻口は黄橙色。イセエビの底刺網にかかってくる。房総半島以南，西太平洋に分布し，潮下帯〜水深50mの岩礁に生息。【フィリピン産／和歌山県産：8cm，10cm】

■ chapter 3 form ■

レイシガイ［茘枝貝］
Thais bronni (Dunker, 1860)
アッキガイ科 Muricidae

細い型は内湾寄りの海域で比較的よく見られる。肉食で，フジツボや他の貝類に穴を開けて捕食する（p43, p116）。北海道南部から九州，中国に分布し，潮間帯〜水深 10m の岩礁に生息。【相模湾産：5cm，6cm】

ホンヒタチオビ［本常陸帯］
Fulgoraria prevostiana (Crosse, 1878)
ヒタチオビ科 Volutidae

同じ海域で採れる個体でも細い型，太い型が混ざる。変異が多く，分類の再検討が必要である。(p82, p99, p155)。北海道南部から相模湾に分布し，水深 150 〜 500m の砂泥底に生息。【相模湾産：12cm, 15cm】

ミガキボラ［磨法螺］
Kelletia lischkei Kuroda, 1938
エゾバイ科 Buccinidae

殻は厚く，肩部に瘤状の結節が並ぶ。殻全体は白色で模様がない。イセエビの底刺網にかかってくる。東北地方から九州に分布し，潮下帯〜水深 100m の岩礁，岩礫底に生息。【相模湾産：7cm，8cm】

コロモガイ［衣貝］
Cancellaria spengleriana Deshayes, 1830
コロモガイ科 Cancellariidae

殻は老成すると厚くなる。縦肋は強く，肩でやや尖った突起になる（p43）。殻は海岸に打ち上がる。北海道南部から九州，中国沿岸に分布し，水深 5 〜 80m の砂底，砂泥底に生息。【相模湾産：4cm，5cm】

フリーク

正常な形からはずれた形状になったものをフリーク（変形）という。

※【 】内は「フリーク個体」を示す。

マダカアワビ［眼高鮑］
Haliotis madaka (Habe, 1979)
ミミガイ科 Haliotidae

本種のこのようなフリークは，メガイアワビ，クロアワビと比べて極めて稀である（p13，p125，p170）。北海道南部（太平洋側は房総半島以南）から九州に分布し，潮下帯〜水深50mの岩礁に生息。【相模湾産：13cm】

正常個体

正常個体

メガイアワビ［雌貝鮑］
Haliotis gigantea Gmelin, 1791
ミミガイ科 Haliotidae

本種のフリークはマダカアワビ，クロアワビに比べ，稀ながら見る機会はある（p13，p14，p106，p171）。北海道南部（太平洋側は房総半島以南）から九州に分布し，潮下帯〜水深30mに生息。【相模湾産：9〜14cm】

■ chapter 3 form ■

クロアワビ［黒鮑］
Haliotis discus discus Reeve, 1846
ミミガイ科 Haliotidae

アワビ類のフリークは漁業者に珍重され神棚に置かれるなどする（p12，p106，p170，p171）。北海道南部（太平洋側は茨城県以南）から九州に分布し，潮間帯〜水深 20m の岩礁に生息。【相模湾産：8〜14cm】

正常個体

マダカアワビ［眼高鮑］
Haliotis madaka (Habe, 1979)
ミミガイ科 Haliotidae

アワビ類の殻の孔は生殖や排泄の役目があるが，図は孔がふさがっている極めて珍しい個体。これが初めての公開と思われる（p13，p124，p170）。北海道南部（太平洋側は房総半島以南）から九州に分布し，潮下帯〜水深 50m の岩礁に生息。【相模湾産：6.5cm，7cm】

クズヤガイ ［葛屋貝］
Diodora seiboldi（Reeve, 1850）
スカシガイ科 Fissurellidae
本種は頂孔が開く種類だが、図のようにふさがった個体は極めて異例。ここに初めて公開するものである。房総半島・佐渡以南の西太平洋に分布し、潮間帯～水深10mの岩礁に生息【相模湾産：1.5cm】

ヨメガガサ ［嫁ヶ笠］
Cellana toreuma（Reeve, 1854）
ツタノハガイ科 Patellidae
外套膜の損傷によってハート型になったものと思われる（p65）。北海道南部から九州、沖縄、朝鮮半島、中国に分布し、潮間帯の岩礁に生息。【相模湾産：3cm】

マツバガイ ［松葉貝］
Cellana nigrolineata（Reeve, 1839）
ツタノハガイ科 Patellidae
通常は卵形をしているが、図はハート型になったフリーク（p66、p95）。男鹿半島・房総半島から九州、朝鮮半島に分布し、潮間帯の岩礁に生息。【相模湾産：3.5cm】

ベニシリダカ ［紅尻高］
Tectus conus（Gmelin, 1791）
ニシキウズ科 Trochidae
図の個体は殻の成長の途中からではなく、最初から変形している（p120）。紀伊半島以南、西太平洋に分布し、潮下帯～水深10mの岩礁に生息。【フィリピン産：4.5cm、5cm】

ニシキウズ ［錦渦］
Trochus maculatus Linnaeus, 1758
ニシキウズ科 Trochidae
ニシキウズ類には歪んだ形をしたフリークは見られるが、図のような個体は稀である（p67）。紀伊半島以南のインド・太平洋に分布し、潮間帯～水深20m岩礁に生息。【フィリピン産：4cm、5cm】

ギンタカハマ ［銀高浜］
Tectus pyramys（Born, 1778）
ニシキウズ科 Trochidae
場所によって普通に見られる種類だが、図のように縫合が深く掘れたフリークは珍しい。房総半島以南、インド・西太平洋に分布し、潮間帯～水深10mの岩礁に生息。【フィリピン産：4.5cm、5cm】

■ chapter 3 form ■

リュウキュウカタベ [琉球片部]
Angaria delphinus（Linnaeus, 1758）
カタベガイ科 Angariidae

本種やカタベガイ *A. neglecta* では，巻が体層から離れたフリークがしばしばある。沖縄諸島以南，西太平洋に分布し，潮下帯〜10m の岩礁に生息。【フィリピン産：4〜6cm】

正常個体

サザエ [栄螺]
Turbo sazae Fukuda, 2017
サザエ科 Turbinidae

殻に付いた付着生物の影響で成長が阻害され，変形を生じることがよくある。(p17, p46, p110)。北海道南部（太平洋側は房総半島以南）から九州，朝鮮半島に分布し，潮下帯〜水深 50m の岩礁に生息。【相模湾産：6〜11cm】

正常個体

リンボウガイ［輪宝貝］
Guildfordia triumphans（Philippi, 1841）
サザエ科 Turbinidae
殻の周縁にある棘は，成長時に切断される。本種やハリナガリンボウのフリークは奇抜な形をしているため収集家に人気がある（p40）。房総半島・能登半島以南，九州，フィリピン，インドネシアに分布し，水深100～300mの砂底に生息。【相模湾産／和歌山県産／高知県産：4～7cm】

正常個体

■ chapter 3 form ■

ハリナガリンボウ
[針長輪宝]

Guildfordia yoka Jousseaume, 1888
サザエ科 Turbinidae

リンボウガイと同様に殻の成長時に棘を切るが，切らないまま棘を増やしたフリークが稀にある。リンボウガイより生息域が深い。房総半島以南，東シナ海，フィリピンに分布し，水深200〜500mの砂泥底に生息。
【高知県産／フィリピン産：7〜10cm】

正常個体

■ chapter 3 form ■

正常個体

ツマベニヒガイ [褄紅杼貝]
Volva volva volva (Linnaeus, 1758)
ウミウサギ科 Ovulidae
ヒガイより大型で殻長は18cmに達する。前溝、後溝も長い。図は前溝に突起が出た稀なフリーク。房総半島からインド・西太平洋、オーストラリアに分布し、水深10〜100mの砂泥底に生息。【ベトナム産：7cm】

正常個体

ウミウサギ [海兎]
Ovula ovum (Linnaeus, 1758)
ウミウサギ科 Ovulidae
殻は白色で光沢があり、陶器のようである。外套膜は黒色で白色の網目模様が並び、殻色とは対照的である。伊豆半島以南、インド・西太平洋に分布し、潮下帯〜水深20mのサンゴ礁に生息。【沖縄産／フィリピン産：6.5〜8cm】

正常個体

タルダカラ［樽宝］
Cypraea talpa Linnaeus, 1758
タカラガイ科 Cypraeidae

殻と殻をボンドで付け合せたような形の極めて珍奇なフリーク。このようになった原因は不明。伊豆半島以南，八丈島，小笠原諸島からインド・西太平洋に分布し，潮下帯〜水深 30m の岩礁，サンゴ礁に生息。【フィリピン産：6.3㎝】

正常個体

ハラダカラ［原宝］
Cypraea mappa Linnaeus, 1758
タカラガイ科 Cypraeidae

殻全体が濃い褐色で，縞状の線や円紋が入る。背線は枝状になることが特徴。タルダカラと似たフリーク。和歌山県以南，八丈島，小笠原からインド・西太平洋に分布し，潮間帯〜水深 30m の岩礁，サンゴ礁に生息。【フィリピン産：7㎝】

■ chapter 3 form ■

ホシダカラ［星宝］
Cypraea tigris Linnaeus, 1758
タカラガイ科 Cypraeidae

殻長は13cmに達する。北限の相模湾付近では真冬の海水温が低いため，成貝に達しないうちに死んでしまう。相模湾・山口県からインド・西太平洋に分布し，潮間帯〜水深40mの岩礁，サンゴ礁に生息。【フィリピン産：6〜9cm】

正常個体

エビスボラ ［恵比須法螺］
Tibia curta G.B.SowerbyII, 1842
ダイコクボラ科 Rostellariidae
殻は厚く，光沢がある。殻長は18cmに達する。これは体層が角張ったフリーク。インド洋（ベンガル湾からペルシャ湾）に分布する。
【インド産：15cm】

スイショウガイ ［水晶貝］
Strombus turturella（Röding, 1798）
ソデボラ科 Strombidae
本種には奇妙な形をしたフリークが稀に見られる（p42, p49）。房総半島以南，インド・西太平洋に分布し，水深5〜30mの砂泥底に生息。【沖縄産／フィリピン産：5〜6cm】

マイノソデ ［舞之袖］
Strombus aurisdianae Linnaeus, 1758
ソデボラ科 Strombidae
外唇上部の突起は通常1本だが，これが数本になった個体である。奄美諸島以南のインド・西太平洋に分布し，潮下帯〜水深10mの岩礫底に生息。
【フィリピン産：6cm，6.5cm】

オハグロガイ ［鉄漿貝］
Strombus urceus Linnaeus, 1758
ソデボラ科 Strombidae
殻の模様に変異が多い。殻口周縁が黒いことが和名の由来だが，実際にはそのような個体は多くない。紀伊半島以南，西太平洋に分布し，1潮間帯〜30mの砂礫底に生息。【フィリピン産：6.5cm，7cm】

■ chapter 3 form ■

マガキガイ ［籬貝］
Strombus luhuanus Linnaeus, 1758
ソデボラ科 Strombidae
殻はイモガイに似るが，殻口外唇側の一部分が内側に湾曲し，フタには短い突起がある。多産系のためか多様なフリークを見る。房総半島以南，インド・西太平洋に分布し，潮間帯〜水深5mの岩礫底に生息。【フィリピン産：5〜7cm】

正常個体

スイジガイ ［水字貝］
Harpago chiragra（Linnaeus, 1758)
ソデボラ科 Strombidae
通常は6本の棘状突起を持ち，外形が漢字の「水」に似ることが名の由来だが，この数が異なるフリークがある。(p42,p176,p177)。紀伊半島以南，インド・西太平洋に分布し，潮下帯〜水深20mの岩礫底，砂礫底に生息。【フィリピン産：16〜20㎝】

■ chapter 3 form ■

正常個体

クモガイ［蜘蛛貝］
Lambis lambis（Linnaeus, 1758）
ソデボラ科 Strombidae

通常、棘状突起は7本だが、この数が異なるものがある。また螺塔が著しく変形したものもある（p49, p172, p173, p175, p176）。紀伊半島以南、インド・西太平洋に分布し、潮下帯〜水深20mの岩礁、サンゴ礁の砂礫底に生息。【フィリピン産：11〜15cm】

■ chapter 3 form ■

正常個体

ムカデソデ [百足袖]
Lambis millepeda（Linnaeus, 1758）
ソデボラ科 Strombidae
クモガイと同様に棘状突起や，螺塔が変形したフリークがある。
九州南部以南，西太平洋に分布し，水深5〜40mの岩礫底，
砂礫底に生息。【フィリピン産：10〜15cm】

■ chapter 3 form ■

正常個体

141

サソリガイ ［蠍貝］
Lambis crocata（Link, 1807）
ソデボラ科 Strombidae

通常7本ある棘状突起の数が多かったり少なかったり，あるいは湾曲するなどのフリークがある(p175, p178)。紀伊半島以南，西太平洋に分布し，水深10〜30mの岩礫底，砂礫底に生息。【フィリピン産：12〜15㎝】

正常個体

フシデサソリ［節手蠍］
Lambis scorpius scorpius（Linnaeus, 1758）
ソデボラ科 Strombidae
通常は棘状突起が7本あるが，この数が多いものや，先端が二股になった変異がある (p178,p179)。紀伊半島以南，西太平洋に分布し，水深10〜30mの岩礫底，砂礫底に生息。【沖縄産／フィリピン産：12〜15cm】

正常個体

■ chapter 3 form ■

ラクダガイ ［駱駝貝］
Lambis sowerbyi（Mörch, 1872）
ソデボラ科 Strombidae
クモガイやムカデガイと同様に棘状突起の数が異なったものや、螺塔が変形したフリークがある。沖縄以南、インド・西太平洋に分布し、水深3～20mの岩礁・サンゴ礁の砂底に生息。
【フィリピン産：23㎝，25㎝】

正常個体

■ chapter 3 form ■

カズラガイ ［葛貝］
Phalium sp.
トウカムリ科 Cassidae

ナガカズラに似るが殻の光沢はやや乏しく，体層に細かい肋がある。また蓋の形態も異なる。房総半島から九州，中国に分布し，水深 10〜50m の砂泥底に生息。【遠州灘産：7cm】

正常個体

ナガカズラ ［長鬘］
Phalium flammiferum (Röding, 1798)
トウカムリ科 Cassidae

図は体層の上部がねじれたフリーク。浅海の底曳網から得られ，殻は海岸にも打ち上がる (p75, p121)。房総半島から九州，東シナ海，ベトナムに分布し，水深 10〜50m の砂底に生息。【相模湾産：7cm】

正常個体

カンコ ［諫鼓］
Phalium glaucum (Linnaeus, 1758)
トウカムリ科 Cassidae

殻長 15cm に達する。この仲間には螺塔が極端に低くなったフリークがしばしば出る。房総半島以南，インド・西太平洋に分布し，水深 5〜50m の砂底に生息。【フィリピン産／ベトナム産：11cm，8cm】

正常個体

正常個体

■ chapter 3 form ■

トウカムリ [唐冠]
Cassis cornutus（Linnaeus, 1758）
トウカムリ科 Cassidae
殻は大きく，殻長38cmくらいになる。殻表の疣状突起が変化したフリークはあるが，図のひとつは最後の成長段階時に形成される重厚な殻口が，2箇所にある極めて珍しい個体。紀伊半島以南，インド・西太平洋に分布し，潮下帯〜水深50mの砂底に生息。【フィリピン産：18〜24cm】

カコボラ ［加古法螺］
Cymatium parthenopeum（Sales Marschlins, 1793）
フジツガイ科 Ranellidae
厚い殻皮を持つことが特徴。軟体部には蛇の目模様がある。房総半島・山口県以南，インド・西太平洋，オーストラリア，ニュージーランド，地中海，大西洋に分布し，潮間帯～水深15mの岩礁，砂礫底に生息。【相模湾産：8～13cm】

クロフフジツ ［黒斑藤津］
Cymatium grandimaculatum（Reeve, 1844）
フジツガイ科 Ranellidae
殻皮は比較的厚い。殻口内唇側に2つの黒斑がある。房総半島・山口県以南，インド・西太平洋に分布し，水深5～30mの岩礁に生息。【フィリピン産：10cm】

フジツガイ ［藤津貝］
Cymatium lotorium（Linnaeus, 1758）
フジツガイ科 Ranellidae
殻は重厚で，殻長15cmを超える。図のひとつは殻表が滑らかで細かい肋が入った珍しいフリーク（p121）。房総半島以南，インド・西太平洋に分布し，潮下帯～水深30mの岩礁に生息。【フィリピン産／ベトナム産：8cm，12cm】

■ chapter 3 form ■

マツカワガイ ［松皮貝］
Biplex perca Perry, 1811
フジツガイ科 Ranellidae
羽状の縦張肋は通常180度おきにあるが、図はその位置がずれたフリーク。房総半島・山口県以南、西太平洋の水深50～200mの砂底、砂泥底に生息。【遠州灘産／東シナ海産：4.5～7.5㎝】

正常個体

ブラジルコウモリボラ ［ブラジル蝙蝠法螺］
Cymatium readeri D'Attilio & Myers, 1984
フジツガイ科 Ranellidae
殻は厚く、殻長25㎝に達する。図は殻口が2つ形成されたフリーク。カリブ海からブラジル北部に分布し、潮間帯～水深40mに生息。【ブラジル産：20㎝】

正常個体

カブトアヤボラ ［兜綾法螺］
Fusitriton galea Kuroda & Habe in Habe, 1961
フジツガイ科 Ranellidae
これらは何らかの原因によって水管が壊れ、再生して面白い形になったフリーク。房総半島から東シナ海に分布し、水深150～500mの砂泥底に生息。【相模湾産：8㎝, 10㎝】

正常個体

アカニシ［赤螺］
Rapana venosa (Valenciennes, 1846)
アッキガイ科 Muricidae

富栄養化した内湾に生息する個体は，付着物に覆われることが多く，殻が変形しやすい（p 19, p45）。北海道南部以南，中国沿岸，台湾に分布し（地中海，黒海は移入），潮間帯〜水深30mの岩礁，砂底，砂礫底に生息。【東京湾産：12cm，13cm】

イチョウガイ［銀杏貝］
Homalocantha anatomica Perry, 1811
アッキガイ科 Muricidae

縦肋上の突起がイチョウの葉に似るのでこの名がある。通常の殻色は白色だが，赤色，紫色，黄色などがある。房総半島以南，インド・西太平洋，ハワイに分布し，潮下帯〜水深30mの岩礁に生息。【和歌山県産：4〜5cm】

コセンジュガイ［小千手貝］
Chicoreus aculeatus (Lamarck, 1822)
アッキガイ科 Muricidae

殻の曲がった個体はしばしばあるが，図（左）のように極端なものは非常に珍しい。サンゴ網や底刺網によって得られる。紀伊半島以南，インド・西太平洋に分布し，水深30〜150mの岩礁に生息。【高知県産：5cm，5cm】

■ chapter 3 form ■

ホネガイ［骨貝］
Murex pecten Lightfoot, 1786
アッキガイ科 Muricidae
英名で「ビーナスの櫛」と呼ばれ、飾り物として好まれるが、網に絡まると外すのに手間取り、漁業者からは嫌われている。紀伊半島以南、西太平洋、オーストラリアに分布し、水深10〜50mの砂底に生息。【和歌山県産／フィリピン産：6.5〜11㎝】

正常個体

チョウセンボラ [朝鮮法螺]
Neptunea arthritica cumingii (Crosse, 1862)
エゾバイ科 Buccinidae

本種のフリークはしばしば見られ、極端に変形したものは、まるで別種のようである（p 160）。日本海西部、黄海、東シナ海に分布し、潮下帯〜水深 100m の砂泥底に生息。【黄海産：7〜12cm】

正常個体

正常個体

バイ [蛽]
Babylonia japonica (Reeve, 1842)
エゾバイ科 Buccinidae

殻長は 9cm くらいになる。これは体層が角張ったフリーク（p43, p78）。北海道南部から九州、韓国に分布し、潮下帯〜水深 30m の砂底、砂泥底に生息。【相模湾産：6cm】

正常個体

ベンガルバイ [ベンガル蛽]
Babylonia spirata (Linnaeus, 1758)
エゾバイ科 Buccinidae

図の個体は、殻の成長し始めから変形しているので、形が整っている。インド洋（ベンガル湾からパキスタン）に分布し、潮下帯〜60m の砂泥底に生息。【インド産：4.4cm】

■ chapter 3 form ■

イトマキボラ [糸巻法螺]
Pleuroploca trapezium trapezium（Linnaeus, 1758）
イトマキボラ科 Fasciolariidae
殻は重厚で，殻長は25cmを超える。肩の瘤状突起の発達には強弱がある。肉食で他の貝類を捕食する。軟体部は赤色(p54)。紀伊半島以南，西太平洋の潮間帯〜水深30mの岩礁に生息。【フィリピン産：11〜18cm】

正常個体

正常個体

ナガニシ［長螺］
Fusinus perplexus（A. Adams, 1864）
イトマキボラ科 Fasciolariidae

本種は地域や生息環境の違いによって殻が変異する。殻の曲がった個体は少なくない。北海道南部から九州，朝鮮半島に分布し，潮下帯〜水深50mの砂底に生息。【相模湾産：4〜13.5㎝】

■ chapter 3 form ■

ホンヒタチオビ [本常陸帯]
Fulgoraria prevostiana (Crosse, 1878)
ガクフボラ科 Volutidae
右側の個体は、外套膜が何らかの原因で損傷したために殻が変形したものと思われる。(p82、p99、p123)。北海道南部から相模湾に分布し、水深150〜500mの砂泥底に生息。【相模湾産：11㎝、13㎝】

正常個体

ニシキヒタチオビ [錦常陸帯]
Fulgoraria concinna concinna (Brodelip, 1836)
ガクフボラ科 Volutidae
ねじれたフリークはナガニシ類によく見るが、ヒタチオビ類では珍しい。相模湾には本種の亜種、アカネヒタチオビ *F.concinna rosea* が分布する。駿河湾から四国に分布し、水深150〜250mの砂泥底に生息。【遠州灘産：16㎝】

正常個体

ベニイモ ［紅芋］
Conus pauperculus Sowerby, 1834
イモガイ科 Conidae

海岸の打ち上げで見られるが，近年は生きた個体を見ることが少なくなった。房総半島から九州に分布し，潮下帯から水深30mの岩礁に生息。【相模湾産：2.8～3cm】

ベッコウイモ ［鼈甲芋］
Conus fulmen Reeve, 1843
イモガイ科 Conidae

図のようなフリークは時々ある。エビ網にかかるが，殻は海岸の打ち上げで拾える。大型個体で殻に傷のないものは少ない（p80）。男鹿半島・房総半島から台湾に分布し，潮間帯～水深100mの岩礁，砂礫底に生息。【相模湾産：4.5cm，5cm】

リシケイモ ［リシケ芋］
Conus lischkeanus Weinkauff, 1875
イモガイ科 Conidae

他のイモガイにも，このように螺塔が伸びたフリークがしばしばある。房総半島・山口県以南，インド・西太平洋，オーストラリア，ニュージーランドに分布し，潮下帯～水深150mの岩礁，砂礫底に生息。【和歌山県産：5cm，5cm】

ゴマフイモ ［胡麻斑芋］
Conus pulicarius Hawass, 1972
イモガイ科 Conidae

殻は重厚で，殻長7cmを上回る。胡麻斑が多いものと少ないものがある。紀伊半島以南，インド・西太平洋に分布し，潮間帯～20mの岩礁，サンゴ礁の砂底に生息。【沖縄産：7cm】

イタチイモ ［鼬芋］
Conus mustelinus Hawass 1792
イモガイ科 Conidae

殻長は9cmくらいになる。図は螺塔が細長くなった個体で，フリークとしては均整がとれている。紀伊半島以南，西太平洋に分布し，潮間帯～水深20mの岩礁に生息。【フィリピン産：7cm】

■ chapter 3 form ■

リュウキュウタケ［琉球竹］
Terebra maculata（Linnaeus, 1758）
タケノコガイ科 Terebridae

殻は厚く光沢があり，殻長25cmを超える。斑紋には変化がある。紀伊半島以南，インド・西太平洋に分布し，潮間帯〜水深50mの砂底に生息。【フィリピン産：15〜16cm】

アラスジケマンガイ［荒筋華鬘貝］
Gafrarium tumidum（Röding, 1798）
マルスダレ科 Veneridae

殻は厚く，肋は刻まれる。これは成長の途中で外套膜が損傷してできたものと思われるフリーク。奄美諸島以南，インド・西太平洋に分布し，潮間帯〜水深10mの砂礫底に生息。【フィリピン産：2.8cm】

サツマアカガイ［薩摩朱貝］
Paphia amabilis（Philippi, 1847）
マルスダレ科 Veneridae

殻長は9cm以上になる。殻の亀裂のような筋は，おそらく外套膜の損傷によって生じたものであろう。房総半島から九州，中国に分布し，水深5〜50mの砂底に生息。【相模湾産：6cm，8cm】

ナガザル［長笊］
Vasticardium enode（Sowerby, 1840）
ザルガイ科 Cardiidae

本種は日本産のザルガイ類中最大で，殻長は12cmに達する。図の個体は外套膜の故障により変形が生じたものと考えられる。房総半島以南，東南アジア，オーストラリアに分布し，水深5〜50mの砂底に生息。【駿河湾産：10cm】

逆旋個体

世界の現生巻貝の約90パーセントが右巻きである。ここでは元来右巻きの貝が左巻になった逆旋個体(ぎゃくせん)を紹介する。

シロヘソアキトミガイ ［白臍開富貝］
Plinices vavaosi（Reeve, 1855）
タマガイ科 Naticidae

和名にヘソアキとあるが，臍孔(さいこう)が開いたものと閉じたものとがある。蓋はトミガイ *P.mammilla* と同様，あめ色をしている。紀伊半島以南，インド・西太平洋に分布し，潮下帯～水深20mの砂底に生息。【フィリピン産：2cm】

正常個体

ノシメガンゼキ ［熨斗目岩石］
Hexaplex cichoreum（Gmelin, 1791）
アッキガイ科 Muricidae

殻の形には変異が多い。通常の色彩は白地に黒褐色(こくかっしょく)の縞模様があるが，棘の周囲が黒褐色をしているものや殻全体が黒褐色をしたものもある。左巻の個体はまれ。フィリピン，インドネシアなど西太平洋に分布し，潮間(ちょうかん)帯(たい)～水深30mの岩礁に生息。【フィリピン産：6.5cm】

正常個体

コオニコブシ ［小鬼拳］
Vasum turbinellum（Linnaeus, 1758）
オニコブシガイ科 Turbinellidae

殻は重厚で殻長8cmくらいになる。普通に見られる種類だが，左巻は稀である。和名はオニコブシ *Vasum ceramicum* より小さい種類という意味（p53）。紀伊半島以南，インド・西太平洋に分布し，潮間帯(ちょうかんたい)～水深5mの岩礁，サンゴ礁に生息。【フィリピン産：3.7cm】

正常個体

ネジボラ ［螺旋法螺］
Japelion pericochlion（Schrenck, 1862）
エゾバイ科 Buccinidae

体層の角張りが縫合に沿って階段状になり，ネジ型に見えるのでこの名がある。殻色は淡い肌色または白色で，厚い褐色の殻皮をかむる。本種の逆旋個体はこれが初めての例である。北海道東部・北西部沖から銚子に分布し，水深50〜400mの砂泥底に生息。【千葉県産：12cm】

正常個体

チョウセンボラ ［朝鮮法螺］
Neptunea arthritica cumingii（Crosse, 1862）
エゾバイ科 Buccinidae

殻色は褐色，白地に濃く褐色の縞模様があるものや白色個体も比較的よく見られる。朝鮮近海に分布の中心があるのでこの名がある（p152）。日本西部，黄海，東シナ海に分布し，潮下帯～水深100mの砂泥底に生息。【黄海産：7～11㎝】

正常個体

チヂミエゾボラ ［縮蝦夷法螺］
Neptunea constricata（Dall, 1907）
エゾバイ科 Buccinidae

殻は大型で殻長20㎝以上に達する。殻表に強弱の螺があるが，欠くものもある。底曳網やバイ籠などによって得られる。北海道から鹿島灘，日本海に分布し，水深50～300mの砂泥底に生息。【北海道産：11㎝】

■ chapter 3 form ■

アツテングニシ ［厚天狗辛螺］
Pugilina conchlidium（Linnaeus, 1758）
テングニシ科 Melongenidae
殻は厚く，殻長は15cmに達する。肩の瘤は尖ったものから滑らかなものまであり，変異が多い。テングニシに似て殻が重厚なのでこの名がある。フィリピンからインド洋，オーストラリアに分布し，浅海に生息。【インド産：9cm】

ナガテングニシ ［長天狗辛螺］
Hemifusus ternatanus（Gmelin, 1791）
テングニシ科 Melongenidae
テングニシよりやや小型で，殻長は20cmくらいになる。殻は焦げ茶色で褐色の殻皮をかむる。台湾以南のインド・西太平洋に分布し潮下帯〜水深50mの泥底，砂泥底に生息。【フィリピン産：8cm】

サイヅチボラ ［才槌法螺］
Volema myristica Röding, 1798
テングニシ科 Melongeridae
殻長は8cmくらいになる。肩に並ぶ棘には変異が多いが，欠く個体もある。フィリピンからインドネシアに分布し，浅海の砂泥底に生息。【フィリピン産：6cm】

正常個体

161

ヤシガイ［椰子貝］
Melo melo（Lightfoot, 1786）
ガクフボラ科 Volutidae
茶褐色の殻皮をかむった状態は，和名のように椰子の実を思わせる。軟体部は白地の黒の縞模様が多数ある。食用にされている（p54）。台湾から南シナ海に分布し，潮下帯〜水深20mの泥底に生息。【ベトナム産：20cm】

正常個体

■ chapter 3 form ■

正常個体

イナヅマコオロギ [稲妻蟋虫]
Cymbiola nobilis（Lightfoot, 1786）
ガクフボラ科 Volutidae
殻は重厚で殻長20cmに達する。殻には稲妻模様をした個体が多く，これが和名の由来である（p55）。台湾からシンガポールに分布し，潮下帯～水深100mの砂底に生息。【ベトナム産：12cm】

トウコオロギ［唐蟋蟀］
Cymbiola vespertilio（Linnaeus, 1758）
ガクフボラ科 Volutidae

殻の大きさ，形態，色模様にははなはだ変異が多い。左巻の個体は極端に少なくはないが，これの大型個体は稀である。フィリピンから北オーストラリアに分布し，潮間帯〜水深20mの泥底に生息。【フィリピン産：5〜8㎝】

セイジトリノコガイ［青磁鳥子貝］
Marginella ventricosa G.Fisher, 1807
コゴメガイ科 Marginellidae

殻は厚く光沢がある。左巻の個体はしばしばある。青磁のような色艶があるのでこの名が付いている。東南アジア，インドネシアに分布し，浅海の泥底に生息。【ジャワ島産：2.5㎝】

オボロボタル［朧蛍］
Ancilla fasciata（Reeve, 1864）
マクラガイ科 Olividae

殻は厚く光沢がある。殻は海岸に打ち上がる。南アフリカに分布し，浅海に生息。【南アフリカ産：1.8㎝】

コンゴウトリノコガイ［金剛鳥子貝］
Marginella lutea Sowerby, 1889
コゴメガイ科 Marginellidae

殻は小型で比較的厚い。本種の左巻個体はしばしばある。普通に見られる種類で，殻は海岸にも打ち上がる。南アフリカ分布し，浅海に生息。【南アフリカ産：1.8㎝】

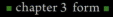

正常個体

ダイオウマイマイ ［大王蝸牛］
Ryssota otaheitana（Ferussac, 1821）
ベッコウマイマイ科 Helicarionidae

陸産貝類では殻が厚く大型。褐色の殻皮をかむる。稀にアルビノもある。地域によっていくつかの亜種に分けられている。フィリピンに分布する。【フィリピン産：7.5cm】

アフリカマイマイ ［アフリカ蝸牛］
Achatina fulica（Ferussac, 1821）
アフリカマイマイ科 Achatinidae

本種を中間宿主とする広東住血線虫に感染して好酸球性髄膜脳炎になり，人が死亡した例がある。食用は禁物で，本体のみならず這い跡にも触れることは危険。アフリカが原産地であることが和名の由来だが，人為的に持ち込まれ，分布を広げた。日本，東南アジア，太平洋，インド洋に面した陸上および島々，ハワイ，西インド諸島などの陸上に分布する。【フィリピン産：9.5cm】

正常個体

ルソンタニシモドキ ［ルソン擬田螺］
Pila ampullacea（Linnaeus, 1758）
タニシモドキ科 Pilidae

殻長9cmくらいに達し，殻は厚くならない。褐色の殻皮をかむり，褐色の縞模様がある。左巻はそう稀なものではない。フィリピンから東南アジアに分布し，淡水域に生息。【フィリピン産：6cm】

正常個体

column

貝の価値

　価値観は人によってさまざまである。コレクションでいえば，集める側と評価する側との価値観が似ていればよいが，そうでないと共鳴することは難しい。「なぜこんなものを集めるのだろう？」と思われてしまうわけだ。しかし，コレクターは深いこだわりをもって集めている。

　貝といえばアワビ，サザエ，ホタテあるいは寿司ダネの貝など，食用として浮かぶのが一般的解釈だろう。貝に興味を持たない人には，これ以上の価値を理解することは難しい。しかし，急転直下したこういう事実もある。遺族が生涯かかって集めた貝の遺品を捨てようとしたが，価格を知って，慌てて止めたという話。貝に値段が明記されれば価値観はそこへ向く。貝に興味のない人には価値＝金額なのである。

　金額の話になるが，貝にも国際的な価格があることをご存じだろうか？　サザエやアワビも食べるだけでなく標本としての価格がある。これは標本についてだが，当然ながらレアな種には，くまなく価格が付けられている。いい値がつけられる条件は，種の特徴を具え無傷であること。成貝で十分な大きさがあること。色彩がいいこと。蓋が付けられていることなどである。これらのグレードによって価格は上下する。逆にいくらレアでも傷や破損があったり，成貝に達しない若い個体や，死貝（生きていた証のない貝）ならば価格は低い。いっぽう，ありふれた普通種でも特大個体や逆旋，フリーク，アルビノ，極端な色変わりであれば高値を呼ぶ。

　これまで日本でもっとも高値で買い取られた貝はリュウグウオキナエビスが有名で，その価格は360万円であった。その後これほどの高額は聞かないが，今でも数十万円の貝はざらにある。最近のネットオークションでは，標準価格を越えたべらぼうな金額をよく目にし，唖然とするばかりだ。

　一般の人からみて貝の値段は，値段があってないようなものである。つまり高かろうと安かろうと，金額は欲望を満足させるために支払われる。言い換えれば気持ちの値段である。となれば持ち主から次の人に譲渡されるときは「気持ち代を差し引くからタダになる」というわけだ。これはコレクターが金言にしたいところであろう。

　ここで言いたいのは，貝の価値は金額だけで決まらないということだ。誰でも自分で集めた貝には，自分にしかわからない価値がある。愛着や記念，想い出やストーリー，あるいは因縁などさまざまなものがあるはずだ。例えば，初めて貝に出会った時の感激と驚き，欲しい貝を得た時の感動などはいつになっても忘れない。そえゆえ，たとえ壊れた貝でも宝物になり得るわけである。

　貝の価値を知るには，貝を好きになることから始まる。それには貝と触れ合い，色模様や形を楽しむことだ。まずは海岸に行って貝を拾うことをお勧めしたい。これを繰り返せば自然に貝を好きになれるだろう。

食用の貝

リュウグウオキナエビス
Entemnotrochus rumphii

chapter 4 hybrid

ハイブリッド

貝類にも，異種の間の交雑「ハイブリッド」が見つかっています。特定の種に顕著に現れる傾向があるようで，ここではソデボラ科のものを中心に見ていきましょう。

ハイブリッド（hybrid）とは異種間の交雑(こうざつ)によってできた個体のことである。雑種，交雑種，交配種(こうはい)などともいわれるが，種の概念上，紛らわしい部分もあるのでここでは，異種間交雑個体を指す。同属や同科，すなわち近縁な2種間で生じる。人為的に組み合わせて作出されることはあるが，自然界に起こることもある。

海物としてはイシガキイシダイの例がある。イシダイとイシガキダイとの間で人為的につくられといわれるが，すでに自然界での存在は知られていた。

軟体動物にも天然のハイブリッドが見つかっている。なぜかソデボラ科に顕著で，これまでに13種の間にできたとされる16パターンの組み合わせが報告されている。これらは形態に基づいた推定だが，親となった両種の形質を明らかに受け継いでおり，分子生物学的な分析がなされなくても信頼できよう。

ソデボラ科のハイブリッドで有名なのは，フィリピン周辺から採れているラクダガイとムカデソデとの間にできた個体である。これには *Lambis arachnoides* Shikama, 1971 および *Lambis wheelwrighti* Greene, 1978 という学名が付けられ，ツヤムカデの和名まである。同様に，フィリピンからクモガイとムカデソデのハイブリッドも知られ，どちらも極端に稀なものではない。

ところが，スイジガイとクモガイのハイブリッドは，非常に稀で数えるほどしか知られていない。これら2種の親は普通にいるのにハイブリッドの出現率が高くないのは，さほど近縁ではないためか，あるいは受精しても，初期発生から成貝になるまでの歩留まりが低いためとも考えられる。

アワビにもハイブリッドがあり，水産学的に作出された例は知られるが，自然界にも稀に見られる。たとえばクロアワビとマダカアワビのハイブリッドは，殻にも軟体部にも両種の特徴を併せ具えている。アワビ類の産卵期は種によって異なるが，海水温の影響などで時期が偶然重なったときに生じるのであろう。

レアな貝では，新産地が見つかって供給量が増えることがある。しかし，世界に数例しかないハイブリッドを求めるコレクターは，そうはいかず，ひたすら出現を待ち望むしかない。

交雑がみられるソデボラ類

クモガイ
Lambis lambis

ムカデソデ
Lambis millepeda

ラクダガイ
Lambis sowerbyi

サソリガイ
Lambis crocata

フシデサソリ
Lambis scorpius

■ chapter 4 hybrid ■

スイジガイ
Harpago chiragra

ゴホウラ
Strombus latissimus

ヒメゴホウラ
Sinustrombus sinuatus

イボソデ
Lentigo lentiginosus

オハグロイボソデ
Lentigo pipes

クロアワビ［黒鮑］×マダカアワビ［眼高鮑］
Haliotis discus discus Reeve,1846 × *Haliotis madaka*（Habe, 1979）
ミミガイ科 Haliotidae

通常，クロアワビはマダカアワビに比べ殻の膨らみがあり，殻頂は高まる。また殻長20㎝を超えるものは少ない。マダカアワビは大型で殻長25cmに達し，クロアワビより呼吸孔が高く盛り上がる。ハイブリッドはこれらの形態と軟体部の色が両種の形質を受け，殻長も20cm以上になるものが多い。相模湾，房総半島沿岸から採れている。【相模湾産：20㎝，21㎝】

■ chapter 4 hybrid ■

クロアワビ [黒鮑] × メガイアワビ [雌貝鮑]
Haliotis discus discus Reeve,1846 × *Haliotis gigantea* Gmelin, 1791
ミミガイ科 Haliotidae

クロアワビの殻は膨らみがあり，殻頂は高い位置にある。逆にメガイアワビは殻の膨らみが少ないうえ殻頂は低い。またクロアワビの呼吸孔の列と内唇との間には，直線状の肋が1本あるが，メガイアワビにはこれを欠く。このハイブリッドは殻の膨らみと殻頂の高さが両種のほぼ中間で，呼吸孔の列と内唇との間には直線状をした1本の肋が確認される。相模湾，伊豆半島から採れている。【相模湾産：12cm，16cm】

クモガイ［蜘蛛貝］× ラクダガイ［駱駝貝］
Lambis lambis (Linnaeus, 1758) × *Lambis sowerbyi* (Mörch, 1872)
ソデボラ科 Strombidae

一見，大型のクモガイに見えるが，螺塔の形状はラクダガイに似る。背面の瘤はクモガイとラクダガイのほぼ中間の形をしている。他の報告例を見ても殻長は20cmを越えており，ラクダガイの形質を受けている。フィリピン，ベトナムから採れている。【フィリピン産／ベトナム産：21cm，25cm】

■ chapter 4 hybrid ■

クモガイ[蜘蛛貝]×**ムカデソデ**[百足袖]
Lambis lambis（Linnaeus, 1758）× *Lambis millepeda*（Linnaeus, 1758）
ソデボラ科 Strombidae
棘状突起はクモガイでは7本，ムカデソデには10本あるが，両種のハイブリッドでは8〜10本あり，特に9のものが多い。背面の瘤の出方はクモガイより弱い。殻口の内面にある筋状の彫刻はムカデソデの形質を受けているが弱い。フィリピンから採れている。【フィリピン産：13〜15cm】

ムカデソデ ［百足袖］ × ラクダガイ ［駱駝貝］
Lambis millepeda (Linnaeus, 1758) × *Lambis sowerbyi* (Mörch, 1872)
ソデボラ科 Strombidae

棘状突起は8〜12本程度あり，7本のラクダガイと10本のムカデソデのとの中間をとっている。殻口の内面はムカデソデの形質を受け，弱いが筋状の彫刻がある。コレクターは *Lambis arachnoides* の学名や，ツヤムカデの和名を用いたりしている。フィリピン，ベトナムから記録されている。【フィリピン産：20〜21cm】

■ chapter 4 hybrid ■

クモガイ[蜘蛛貝]×**サソリガイ**[蠍貝]
Lambis lambis(Linnaeus, 1758)× *Lambis crocata*(Link, 1807)
ソデボラ科 Strombidae
殻の形はクモガイに近い。背面の顕著な瘤はクモガイより弱い。殻の内面は赤橙色を呈し，サソリガイの形質を受けている。フィリピンから記録されている。【フィリピン産：13cm，14cm】

スイジガイ ［水字貝］× クモガイ ［蜘蛛貝］
Harpago chiragra (Linnaeus, 1758) × *Lambis lambis* (Linnaeus, 1758)
ソデボラ科 Strombidae

このハイブリッドは極めて稀で，これまで数例の報告しかない。殻形は親であるスイジガイとクモガイの特徴が出ている。殻口内部の色彩はスイジガイの形質を受け，薄紅色を呈する。フィリピン，ベトナムから記録されている。【フィリピン産／ベトナム産：14㎝，16㎝】

■ chapter 4 hybrid ■

スイジガイ［水字貝］× ラクダガイ［駱駝貝］
Harpago chiragra (Linnaeus, 1758) × *Lambis sowerbyi* (Mörch, 1872)
ソデボラ科 Strombidae

殻の概形はスイジガイとクモガイの特徴を受け継いでおり，螺塔(らとう)はラクダガイ，殻内部の色はスイジガイの形質が現れている。この個体以外に報告例を知らない。これが初めての公開であろう。【フィリピン産：20cm】

サソリガイ[蠍貝]×フシデサソリ[節手蠍]
Lambis crocata (Link, 1807) × *Lambis scorpius scorpius* (Linnaeus, 1758)
ソデボラ科 Strombidae

フシデサソリの棘状突起上にある瘤はハイブリッドには受け継がれず，背面の殻形はサソリガイに近い。殻の内面の筋状彫刻はフシデサソリの形質を，赤橙色の色彩はサソリガイの形質を継いでいる。フィリピンから記録されている。【フィリピン産：13～15cm】

■ chapter 4 hybrid ■

フシデサソリ［節手蠍］×ムカデソデ［百足袖］
Lambis scorpius scorpius（Linnaeus, 1758）× *Lambis millepeda*（Linnaeus, 1758）
ソデボラ科 Strombidae

殻の形はフシデサソリに近いが、やや幅がある。フシデサソリには瘤のある7本の棘状突起があるが、このハイブリッドには瘤がなく、大小の棘状突起が10本ある。殻口内部の模様も両種の特徴を具えている。フィリピンから記録されている。【フィリピン産：14cm、14.5cm】

ゴホウラ [護宝螺] × ヒメゴホウラ [姫護宝螺]
Sinustrombus latissimus (Linnaeus, 1758) × *Sinustrombus sinuatus* (Lightfoot, 1756)
ソデボラ科 Strombidae
このハイブリッドは体層に膨らみがあり，ゴホウラの形質に近いが，体層の瘤はヒメゴホウラのように強くない。殻の内面の色は，ゴホウラと同色のものとヒメゴホウラと同色のものとがある。フィリピン，ベトナムから記録されている。【フィリピン産：10㎝，10㎝】

■ chapter 4 hybrid ■

イボソデ [疣袖] **× オハグロイボソデ** [鉄漿疣袖]
Lentigo lentiginosus（Linnaeus, 1758）× *Lentigo pipes*（Röding, 1798）
ソデボラ科 Strombidae
イボソデほどの大きさを見ない。殻の形と殻表の色彩は両種の形質を受けている。外唇はイボソデのように肥厚しない。殻の内面はオハグロイボソデに近い黒赤色をしている。フィリピンから記録されている。【フィリピン産：6.5㎝，7.5㎝】

和名索引

[ア行]

アカザラ [赤皿]...36
アカシマミナシ [赤縞身無].................................81
アカニシ [赤螺]..................................19,45,150
アサリ [浅蜊]..58,84
アシガイ [葦貝]...35
アシヤガマ [葦屋釜].......................................16
アズマニシキ [吾妻錦]................................22,38
アツテングニシ [厚天狗辛螺]........................161
アフリカマイマイ [アフリカ蝸牛]....................165
アラスジケマンガイ [荒筋華鬘貝]..................157
イグチガイ [猪口貝]...55
イシカゲガイ [石陰貝]......................................57
イシダタミ [石畳]..67
イセヨウラク [伊勢瓔珞]..............................52,116
イソバショウ [磯芭蕉]...................................52,116
イタチイモ [鼬芋]...156
イタヤガイ [板屋貝]................................24,38,56
イチョウガイ [銀杏貝]..................................150
イトマキヒタチオビ [糸巻常陸帯]................54,99
イトマキボラ [糸巻法螺]..............................54,153
イナズマコオロギ [稲妻蟋虫]......................55,163
イナズマタイコ [稲妻太鼓].............................77
イボソデ [疣袖]......................................169,181
インドアオイ [印度葵].....................................28
ウズラミヤシロ [鶉宮代]..................................51
ウチムラサキ [内紫]..59
ウチヤマタマツバキ [内山玉椿]......................47
ウネウラシマ [畝浦島]....................................76
ウノアシ [鵜之脚]..107
ウミウサギ [海兎]...131
ウミギク [海菊]..32,57
ウラシマ [浦島]................................76,98,121
ウラシマダカラ [浦島宝].................................71
エゾキンチャク [蝦夷巾着].............................26
エビスボラ [恵比須法螺]..............................134
オオナルトボラ [大鳴門法螺].....................52,115
オオヘビガイ [大蛇貝]...................................113
オオモモノハナ [大桃之花]..............................58
オキナエビス [翁恵比須]..........................15,46,120
オトヒメカズラ [乙姫鬘]..................................75
オニサザエ [鬼栄螺]....................................117
オハグロイボソデ [鉄漿疣袖]..................169,181
オハグロガイ [鉄漿貝]..................................134
オボロボタル [朧蛍]......................................164
オボロモミジボラ [朧紅葉法螺]......................55

[カ行]

カキツバタ [燕子花]..29
ガクフボラ [楽譜法螺].....................................96
カゴガイ [籠貝]...119
カコボラ [加古法螺]......................................148
カズラガイ [葛貝]...145
カノコダカラ [鹿之子宝]................................100
カバザクラ [樺櫻]...34
カバトゲウミギク [樺棘海菊]............................37
カブトアヤボラ [兜綾法螺].............................149
カブトウラシマ [兜浦島]............................50,114
カンコ [諫鼓]..145
キナノカタベ [喜納片部]..................................40
キムスメカノコ [生娘鹿之子]............................70
ギンタカハマ [銀高浜]..................................126
キンチャクガイ [巾着貝]..................................27
クズヤガイ [葛屋貝]......................................126
クボガイ [久保貝]...108
クモガイ [蜘蛛貝].........49,138,168,172,173,175,176
クロアワビ [黒鮑]....................12,106,125,170,171
クロフフジツ [黒斑藤津]...............................148
クロフモドキ [擬黒斑]..................................100
クロユリダカラ [黒百合宝]..............................98
コオニコブシ [小鬼拳]...............................53,158
ゴシキカノコ [五色鹿之子]..............................70
コシダカガンガラ [腰高岩殻]............................41
コセンジュガイ [小千手貝]............................150
コダイコガイ [小太鼓貝]..................................75
コナルトボラ [小鳴門法螺]............................115
ゴホウラ [護宝螺].....................................169,180
ゴマフイモ [胡麻斑芋]..................................156
ゴマフダマ [胡麻玉].......................................98
コロモガイ [衣貝]......................................43,123
コンゴウトリノコガイ [金剛鳥子貝]................164

[サ行]

サイヅチボラ [才槌法螺]...............................161
サクラガイ [櫻貝]...58
サザエ [栄螺].......................................17,46,110,127
サソリガイ [蠍貝]..........................142,168,175,178
サツマアカガイ [薩摩朱貝]............................157
サラサガイ [更紗貝].......................................93
サラサバイ [更紗蜊].......................................68
シドロ [志登呂]..49
シノマキ [篠巻]..121
シマミクリ [縞三繰]...................................53,98
ジュドウマクラ [寿頭枕]..................................83
ショウジョウガイ [猩々貝]...............................30

183

シロヘソアキトミガイ［白臍開富貝］......................158
シワクチナルトボラ［皺口鳴門法螺］.....................44
スイジガイ［水字貝］......................42,136,169,176,177
スイショウガイ［水晶貝］.........................42,49,134
スカシガイ［透貝］.......................................16
スギタニセコバイ［杉谷世古蛽］...........................122
スジウズラ［筋鶉］.......................................51
スベリウラシマ［滑浦島］.................................77
スルガバイ［駿河蛽］.....................................43
セイジトリノコガイ［青磁鳥子貝］........................164
センジュガイ［千手貝］..................................117
センジュモドキ［擬千手］................................122
センニンガイ［仙人貝］..................................130
センニンショウジョウ［仙人猩々］........................118
ソデボラ［袖法螺］.......................................48
ソメワケカタベ［染分片部］...............................40

［タ行］

ダイオウガンゼキ［大王岩石］.............................44
ダイオウマイマイ［大王蝸牛］............................165
タイコガイ［太鼓貝］..................................50,74
タガヤサンミナシ［鉄刀木身無］...........................92
タケノコカニモリ［笋蟹守］..............................130
タツマキサザエ［竜巻栄螺］...............................69
ダテスズカケ［伊達鈴掛］.................................47
タマウラシマ［玉浦島］...................................76
タマキガイ［玉置貝］.................................57,89
タマキビ［玉黍］...67
タルダカラ［樽宝］......................................132
ダンベイキサゴ［団平喜佐古］.............................68
チグサガイ［千種貝］.....................................16
チヂミイワホリガイ［縮岩掘貝］..........................119
チヂミエゾボラ［縮蝦夷法螺］............................160
チョウセンサザエ［朝鮮栄螺］............................112
チョウセンハマグリ［朝鮮蛤］..........................58,86
チョウセンフデ［朝鮮筆］.................................79
チョウセンボラ［朝鮮法螺］..........................152,160
チリメンナルトボラ［縮緬鳴門法螺］.......................52
ツキヒガイ［月日貝］.....................................90
ツタノハガイ［蔦之葉貝］................................107
ツノヤシガイ［角椰子貝］.................................54
ツボイモ［壺芋］...92
ツマベニヒガイ［褄紅杼貝］..............................131
ツメタガイ［津免多貝］...................................41
テングニシ［天狗螺］.....................................53
トウイト［唐糸］...53
トウカムリ［唐冠］......................................146
トウコオロギ［唐蟋蟀］..................................164
トキワガイ［常盤貝］.....................................51
トコブシ［床臥］.....................................40,64

［ナ行］

ナガカズラ［長鬘］.............................75,121,145
ナガザル［長笊］.....................................39,157
ナガテングニシ［長天狗辛螺］............................161
ナガニシ［長螺］..154
ナサバイ［ナサ蛽］.......................................53
ナツモモ［楊梅］...46
ナミノコ［浪之子］.......................................57
ナンバンカブトウラシマ［南蛮兜浦島］.................50,114
ナンヨウクロミナシ［南洋黒身無］........................100
ニクイロカブトウラシマ［肉色兜浦島］...................114
ニシキウズ［錦渦］...................................67,126
ニシキガイ［錦貝］.......................................87
ニシキヒタチオビ［錦常陸帯］............................155
ニュージーランドイタヤ［ニュージーランド板屋］.....89
ヌノメガイ［布目貝］.....................................89
ネジボラ［螺旋法螺］....................................159
ネッタイザル［熱帯笊］...................................57
ネムリガイ［眠貝］.......................................53
ノシメガンゼキ［熨斗目岩石］............................158

［ハ行］

バイ［蛽］....................................43,78,152
ハツユキダカラ［初雪宝］.................................49
ハナイタヤ［花板屋］..................................25,94
ハマグリ［蛤］...85
ハラダカラ［原宝］......................................132
ハリサザエ［針栄螺］................................108,120
ハリナガリンボウ［針長輪宝］............................129
ヒオウギ［檜扇］......................20,36,38,56,89
ヒダトリガイ［襞取貝］..................................120
ヒナヅル［雛鶴］...77
ヒメアサリ［姫浅蜊］.....................................84
ヒメゴホウラ［姫護宝螺］............................169,180
ヒメヒオウギ［姫檜扇］...................................88
ヒヨクガイ［比翼貝］.................................25,87
ヒラサザエ［平栄螺］....................................109
ピンクガイ［ピンク貝］...................................48
フジツガイ［藤津貝］................................121,148
フシデサソリ［節手蠍］............143,168,178,179
フトウネトマヤ［太畝苫屋］...............................33
ブラジルコウモリボラ［ブラジル蝙蝠法螺］...........149
ヘソアキクボガイ［臍開久保貝］..........................108
ベッコウイモ［鼈甲芋］...............................80,156
ベニイモ［紅芋］..156
ベニオキナエビス［紅翁恵比須］...........................46
ベニガイ［紅貝］...34

ベニシリダカ [紅尻高] 120,126	リュウグウオキナエビス [竜宮翁恵比寿] 166
ベニタケ [紅竹] 96	リュウテン [竜天] 69
ベニハマグリ [紅蛤] 35	リンボウガイ [輪宝貝] 40,128
ベンガルバイ [ベンガル蛽] 152	ルソンタニシモドキ [ルソン擬田螺] 165
ベンケイガイ [弁慶貝] 97	ルリガイ [瑠璃貝] 49
ボウシュウボラ [房州法螺] 18,122	レイシガイ [茘枝貝] 43,116,123
ホシダカラ [星宝] 133	
ホソウミニナ [細海蜷] 47,130	[ワ]
ホタテガイ [帆立貝] 56	ワスレガイ [忘貝] 57
ホネガイ [骨貝] 151	ワダチウラシマ [轍浦島] 50
ホンヒタチオビ [本常陸帯] 82,99,123,155	

[マ行]

マイノソデ [舞之袖] 134
マガキガイ [籬貝] 135
マキアゲエビス [巻上恵比須] 15
マダカアワビ [眼高鮑] 13,124,125,170
マダライモ [斑芋] 81
マツカワガイ [松皮貝] 149
マツバガイ [松葉貝] 66,95,126
マツヤマワスレ [松山忘] 86
マルオミナエシ [丸女郎花] 93
マンジュウガイ [饅頭貝] 47
ミガキボラ [磨法螺] 123
ミカドミクリ [御門三繰] 53
ミクリガイ [三繰貝] 53
ミズイリショウジョウ [水入猩々] 39
ミナミゴウシュウボラ [南豪州法螺] 52
ミヤシロガイ [宮代貝] 51,73
ムカデソデ [百足袖] 140,168,173,174,179
メガイアワビ [雌貝鮑] 13,14,106,124,171
メダカラガイ [眼宝貝] 71
モクメヒタチオビ [木目常陸帯] 99

[ヤ・ユ・ヨ]

ヤシガイ [椰子貝] 54,162
ヤスリメンガイ [鑢面貝] 39
ヤセツブリボラ [痩紡車利法螺] 47
ヤツシロガイ [八代貝] 72,98
ヤヨイハルカゼ [弥生春風] 55
ヨメガガサ [嫁ケ笠] 65,126

[ラ行]

ラクダガイ [駱駝貝] 144,168,172,174,177
リシケイモ [リシケ芋] 156
リュウキュウアオイ [琉球葵] 28
リュウキュウカタベ [琉球片部] 127
リュウキュウタケ [琉球竹] 157
リュウキュウナデシコ [琉球撫子] 28

学名索引

[A]

Achatina fulica (Ferussac,1821) 165
Agaria formosa (Reeve,1843) 40
Ancilla fasciata (Reeve,1864) 164
Angaria delphinus (Linnaeus,1758) 127
Angaria sphaerula (Kiener,1873) 40

[B]

Babylonia japonica (Reeve,1842) 43,78,152
Babylonia spirata (Linnaeus,1758) 152
Batillaria cumingii (Crosse,1862) 47,130
Biplex perca Perry,1811 149
Bolma modesta (Reeve,1843) 120
Buccinum leucostoma Lischke,1872 43
Bursa ranelloides (Reeve,1844) 115

[C]

Callista chinensis (Holten,1803) 86
Cancellaria spengleriana Deshayes,1830 43,123
Cantharidus japonicus (A. Adams,1853) 16
Carditia crassicostata Lamarck,1819 33
Casmaria erinacea (Linnaeus,1758) 77
Casmaria turgida (Reeve,1848) 77
Cassis cornutus (Linnaeus,1758) 146
Cellana nigrolineata (Reeve,1839) 66,95,126
Cellana toreuma (Reeve,1854) 65,126
Ceratostoma fournieri (Crosse,1861) 52,116
Charinia lampas sauliae (Reeve,1844) 18
Charonia lampas rubicunda forma *powelli*
    (Cotton,1956) 52
Charonia lampas sauliae (Reeve,1844) 122
Chicoreus aculeatus (Lamarck,1822) 150
Chicoreus asianus Kuroda,1942 117
Chicoreus palmarosae (Lamarck,1822) 117
Chicoreus torrefactus (Sowerby,1842) 122
Chlamys farrei amazara (Kuroda,1932) 36
Chlamys farreri nipponensis (Kuroda,1932) ... 22,38
Chlamys squamata (Gmelin,1791) 87
Chlamys squamosa (Gmelin,1791) 28
Chlorostoma lischkei Tapparone-Canefri,1874 ... 108
Chlorostoma turbinatum A.Adams,1853 108
Clanculus margaritarius (Philippi,1849) 46
Clinocardium buellowi (Rolle,1896) 57
Colubraria muricata (Lightfoot,1786) 122
Comitas kaderlyi (Lischke,1872) 55
Conus aulicus Linnasus,1758 92
Conus chaldaeus (Röding,1798) 81
Conus fulmen Reeve,1843 80,156

Conus generalis Linnaeus,1767 81
Conus leopards (Röding,1798) 100
Conus lischkeanus Weinkauff,1875 156
Conus marmoreus marmoreus Linnaeus,1758 100
Conus mustelinus Hawass 1792 156
Conus pauperculus Sowerby,1834 156
Conus pulicarius Hawass,1972 156
Conus textile Linnaeus,1758 92
Corculum cardissa (Linnaeus,1758) 28
Corculum impresum (Lightfoot,1786) 28
Cryptopecten vessiculosus (Dunker,1877) 25,87
Cyclosunetta menstualis (Menke,1843) 57
Cymatium exile (Reeve,1844) 47
Cymatium grandimaculatum (Reeve,1844) 148
Cymatium lotorium (Linnaeus,1758) 121,148
Cymatium parthenopeum (Sales Marschlins,1793) . 148
Cymatium pileare (Linnaeus,1758) 121
Cymatium pleiferianum (Reeve,1844) 47
Cymatium readeri D'Attilio & Myers,1984 149
Cymbiola nobilis (Lightfoot,1786) 55,163
Cymbiola vespertilio (Linnaeus,1758) 164
Cypraea cribraria Linnaeus,1758 100
Cypraea gracilis Gaskoin,1849 71
Cypraea gutata Gmelin,1791 98
Cypraea mappa Linnaeus,1758 132
Cypraea miliaris Gmelin,1791 49
Cypraea talpa Linnaeus,1758 132
Cypraea teulerei (Cazenavette,1846) 71
Cypraea tigris Linnaeus,1758 133

[D]

Decatopecten striatus (Schumacher,1817) 27
Diodora seiboldi (Reeve,1850) 126

[E]

Echinophoria carnosa Kuroda & Habe in Habe,1961 ... 114
Echinophoria kurodai (Abott,1968) 50,114
Echinophoria wyvillei (Watson,1886) 50,114
Entemnotrochus rumphii 166

[F]

Fimbria soverbii (Reeve,1841) 119
Fulgoraria concinna concinna (Brodelip,1836) .. 155
Fulgoraria fumerosa Rehder,1969 99
Fulgoraria prevostiana (Crosse,1878) ... 82,99,123,155
Fulgoraria rupestris (Crosse,1869) 54,99
Fusinus perplexus (A. Adams,1864) 154
Fusitriton galea Kuroda & Habe in Habe,1961 ... 149

[G]

Gafrarium tumidum (Röding,1798) 157
Gari maculosa (Lamarck,1818) 35
Glossaulax dydyma (Röding,1798) 41
Glycymeris albolineata (Lischke,1872) 97
Glycymeris vestita (Dunker,1877) 57,89
Guildfordia triumphans (Philippi,1841) 40,128
Guildfordia yoka Jousseaume,1888 129

[H]

Haliotes gigantea Gmelin,1791 14
Haliotis discus discus Reeve,1846 12,106,125,170,171
Haliotis diversicolor aquatilis Reeve,1846 40,64
Haliotis gigantea Gmelin,1791 13,106,124,171
Haliotis madaka (Habe,1979) 13,124,125,170
Harpago chiragra (Linnaeus,1758) 42,136,169,176,177
Hemifusus ternatanus (Gmelin,1791) 161
Hemifusus tuba (Gmelin,1781) 53
Hexaplex cichoreum (Gmelin,1791) 158
Hexaplex regius Swainson,1821 44
Hindisa magunifica (Lischke,1871) 53
Homalocantha anatomica Perry,1811 150
Hyotissa imbricate (Lamarck,1819) 29

[I]

Inquisitior nudivaricosus
    Kuroda & Oyama in Kuroda,Habe & Oyama,1971 55

[J]

Janthina prolongata Blainville,1823 49
Japelion pericochlion (Schrenck,1862) 159

[K]

Kelletia lischkei Kuroda,1938 123

[L]

Laevistrombus turturella (Röding,1798) 42,49
Lambis crocata (Link,1807) 142,168,175,178
Lambis lambis (Linnaeus,1758)
    49,138,168,172,173,175,176
Lambis millepeda (Linnaeus,1758) 140,168,173,174,179
Lambis scorpius scorpius (Linnaeus,1758)
    143,168,178,179
Lambis sowerbyi (Mörch,1872) 144,168,172,174,177
Latoma faba (Linnaeus,1758) 57
Lentigo lentiginosus (Linnaeus,1758) 169,181
Lentigo pipes (Röding,1798) 169,181
Liochoncha castrensis (Linnaeus,1758) 93
Liochoncha fastigiata (Sowerby,1851) 93
Littorina brevicula (Philippi,1844) 67

[M]

Macoma praetexta (Martens,1865) 58
Macroschima cuspidatum (A. Adams,1851) 16
Mactra ornate Gray,1837 35
Marginella lutea Sowerby,1889 164
Marginella ventricosa G.Fisher,1807 164
Melo broderippii (Gray in Griffith & Pidgeon,1833) 55
Melo melo (Lightfoot,1786) 54,162
Melo umbilicata (Broderip,1826) 54
Meretrix lamarckii Deshayes,1853 58,86
Meretrix lusoria (Röding,1798) 85
Mikadotrochus beyrichii (Hilgendorf,1877) 15,46,120
Mimachlamys crassicostata (Sowerby II,1842)
    20,36,38,56,89
Mimachlamys senatoria (Gmelin,1791) 88
Mitra mitra Linnaeus,1758 79
Mizuhopecten yessoensis (Jay,1857) 56
Molma modesta (Reeve,1843) 108
Monodonta labio confusa Tapparone-Canefri,1874 67
Murex pecten Lightfoot,1786 151
Natica tigrina (Röding,1798) 98

[N]

Neptunea arthritica cumingii (Crosse,1862) 152,160
Neptunea constricata (Dall,1907) 160
Nerita communis (Quoy& Gaimard,1832) 70
Nerita verginea (Linnaeus,1758) 70
Nitidotellina hokkaidoensis (Habe,1961) 58
Nitidotellina iridella (Martens,1865) 34

[O]

Oliva sericea Röding,1798 83
Onphalius resticus (Gmelin,1791) 41
Ovula ovum (Linnaeus,1758) 131

[P]

Paphia amabilis (Philippi,1847) 157
Patelloida saccharina form lanx (Reeve,1855) 107
Pecten albicans (Schröter,1802) 24,38,56
Pecten novaezelandidae Reeve,1853 89
Pecten sinensis puncticulatus Dunker,1877 25,94
Periglypta puerperta (Linnaeus,1771) 89
Perotrochus hirasei (Pilsbry,1903) 46
Phalium aleola (Linnaeus,1758) 75
Phalium bandatum (Perry,1811) 50,74
Phalium flammiferum (Röding,1798) 75,121,145

Phalium glaucum (Linnaeus,1758) 145
Phalium muangmani
    Raybaudi Massilia & Prati Musetti,1995 75
Phalium sp. 145
Pharaonella seiboldii (Deshayes,1855) 34
Phasianella solida (Born,1780) 68
Pila ampullacea (Linnaeus,1758) 165
Plagiocardium pseudolima (Lamarck,1819) 57
Pleuroploca trapezium trapezium (Linnaeus,1758) 54,153
Plinices vavaosi (Reeve,1855) 158
Polinices albumen (Linnaeus,1758) 47
Polinices sagamiensis Pilsbry,1904 47
Pomaulax japonics (Dunker,1844) 109
Pseudoirus mirabilis (Deshayes,1853) 119
Pteropurpura adunca (Sowerby,1834) 52,116
Pugilina conchlidium (Linnaeus,1758) 161

[R]

Rapana venosa (Valenciennes,1846) 19,45,150
Rhinoclavis vertagus (Linnaeus,1758) 130
Ruditapes philippinarum (A.Adams & Reeve,1850).......58,84
Ruditapes variegatus (Sowerby,1852) 84
Ryssota otaheitana (Ferussac,1821) 165

[S]

Saxidomus purpurata (Sowerby,1852) 59
Scutellastra flexuosa (Quoy & Gaimard,1834) 107
Semicassis bisulcata bisulcata
    (Schubert & Wagner,1829) 50
Semicassis bisulcata booleyi (G.B.Sowerby,1900) 77
Semicassis bisulcata pelsimilis Kira,1959 76,98,121
Semicassis bisulcata pila (Reeve,1848) 76
Semicassis japonica (Reeve,1848) 76
Serpulorbis imbricatus (Dunker,1860) 113
Sinustrombus latissimus (Linnaeus,1758) 169,180
Sinustrombus sinuatus (Lightfoot,1756) 169,180
Siphonalia cassidariaeformis (Reeve,1843) 53
Siphonalia concinna A.Adams,1863 53
Siphonalia filosa A.Adams,1863 53
Siphonalia fusoides (Reeve,1846) 53
Siphonalia signa (Reeve,1846) 53,98
Spondylus barbatus Reeve,1856 32,57
Spondylus butleri Reeve,1856 37
Spondylus candidus Lamarck,1819 39
Spondylus cumingi Sowerby,1847 118
Spondylus regius (Linnaeus,1758) 30
Spondylus varians Sowerby,1838 39
Stomatolina rubra (Lamarck,1822) 16
Strombus aurisdianae Linnaeus,1758 134

Strombus gigas Linnaeus,1758 48
Strombus labiatus (Röding,1798) 120
Strombus luhuanus Linnaeus,1758 135
Strombus pugilis pugilis Linnaeus,1758 48
Strombus turturella (Röding,1798) 134
Strombus urceus Linnaeus,1758 134
Stromubs japonicus (Röding,1851) 49
Swiftpecten swiftii (Bernardi,1858) 26

[T]

Tectus conus (Gmelin,1791) 120,126
Tectus pyramys (Born,1778) 126
Telescopium terescopium (Linnaeus,1758) 130
Terebra dimidiate (Linnaeus,1758) 96
Terebra maculata (Linnaeus,1758) 157
Thais bronni (Dunker,1860) 43,116,123
Tibia curta G.B.SowerbyII,1842 134
Tonna allium (Dillwyn,1817) 51
Tonna lischkeana (Köster,1857) 51
Tonna luteostoma (Köster,1857) 72,98
Tonna sulcosa (Born,1778) 51,73
Tonna zonata (Green,1830) 51
Trochus maculatus Linnaeus,1758 67,126
Turbo argyrostomus Linnaeus,1758 112
Turbo petholatus Linnaeus,1758 69
Turbo reevei Philippi,1847 69
Turbo sazae Fukuda,2017 17,46,110,127
Turcica corrensis Pease,1860 15
Tutufa bufo (Röding,1851) 52,115
Tutufa oyamai Habe,1973 52
Tutufa rubeta (Linnaeus,1758) 44

[U]

Umbonium giganteum (Lesson,1833) 68

[V]

Vasticardium enode (Sowerby,1840) 39,157
Vasum turbinellum (Linnaeus,1758) 53,158
Volema myristica Röding,1798 161
Voluta musica Linnaeus,1758 96
Volva volva volva (Linnaeus,1758) 131

[Y]

Yulistrum japonicm japonicum (Gmelin,1791) 90

参考文献

Don Pisor (2015)「Sea and Land Shells of the Don Pisor Collection」ConchBooks.
F. J. Springsteen & F. M. Leoblea (1986)「Shells of Philippines」Carfel Sea shell Museum.
池田 等 (2000)「細谷角次郎貝類図絵」遠藤貝類博物館.
池田 等 (2009)「海辺で拾える貝ハンドブック」文一総合出版.
池田 等・淤見慶宏 (2007)「タカラガイブック」東京書籍.
井澤伸恵・松岡敬二 (1997)「貝−美しい形と模様」豊橋市自然史博物館.
久保博文・黒住耐二 (1995)「沖縄の海の貝・陸の貝」沖縄出版.
黒田徳米・波部忠重・大山桂 (1971)「相模湾産貝類」生物学御研究所編　丸善.
Kurt Kreipl (1997) Recent Cassidae Verleg Christ Hemmen.
Kurt Kreipl・Guldo T.Poppe (1999)「A Conchological Iconography The Family Strombidae」Conchbooks.
Leonard Hill & Pete Carmichaes (1995)「The World most beautiful Saashells Carmichael Pubrications
Nguyen Nngoc Thach (2005)「Shells of Vietnam」Conchbooks.
岡本正豊・奥谷喬司 (1997)「貝の和名」相模貝類同好会.
奥谷喬司編 (1997)「貝のミラクル」東海大学出版会.
奥谷喬司編 (2016)「日本近海産貝類図鑑 (第2版)」東海大学出版会.
Patrice Bail・Mitsuo Chino (2010)「A Conchological Iconography The Family Volutidae」Conchbooks.
R.T. アボット &S.P. ダンス　波部忠重・奥谷喬司訳「世界貝産貝類大図鑑」(1985) 平凡社.
佐々木剛智 (2010)「貝類学」東京大学出版会.
Shells Passion & Topseashells (2016)「Registry of World Size Shells」Shells Passion & Topseashells.
鹿間時夫・堀越増興 (1963)「原色図鑑　世界の貝」北隆館.
鹿間時夫 (1964)「原色図鑑　世界の貝」北隆館.
Ulrich Wieneke, Han Stoutjesdijk, Philippe Simonet, Virgilio Liverani and Antoine Heitz (2017)「Gastropoda Stromoidea」http://www.stromboidea.de/

池田 等　Hitoshi Ikeda

神奈川県生まれ。貝類学，甲殻類学が専門の研究者で，特に相模湾の海洋生物調査を半世紀以上続けている。新種発見にも貢献し，イケダイモガイ Conus ikedai，イケダホモラガニ Homola ikedai，イケダホンヤドカリ Pagurus ikedai などが献名されている。
著書は『タカラガイ・ブック』（東京書籍），『海辺で拾える貝ハンドブック』（文一総合出版），『原寸で楽しむ 美しい貝 図鑑 & 採集ガイド』（実業之日本社），『ビーチコーミング学』（東京書籍），『細谷角次郎貝類図絵』（遠藤貝類博物館），『相模湾産深海性蟹類』（葉山町）などのほか多数。
「貝千種 - 池田屋」館長，元葉山しおさい博物館館長。日本貝類学会会員，日本甲殻類学会会員。

写真：松本泰裕

美しき貝の博物図鑑
ENCYCLOPEDIA OF SHELLS VARIATION
色と模様、形のバリエーション／フリーク／ハイブリッド

定価はカバーに表示してあります。

平成 29 年 7 月 28 日　初版発行

著者	池田　等
発行者	小川典子
印刷	株式会社シナノ
製本	株式会社難波製本

発行所　**株式会社成山堂書店**
〒160-0012　東京都新宿区南元町 4 番 51　成山堂ビル
TEL：03 (3357) 5861　FAX：03 (3357) 5867
URL：http://www.seizando.co.jp
落丁・乱丁本はお取り換えいたしますので，小社営業チーム宛にお送りください。

本書の内容の一部あるいは全部を無断で電子化を含む複写複製 (コピー) 及び他書への転載は，法律で認められた場合を除いて著作権者及び出版社の権利の侵害となります。成山堂書店は著作権者から上記に係る権利の管理について委託を受けていますので，その場合はあらかじめ成山堂書店 (03-3357-5861) に許諾を求めてください。なお，代行業者等の第三者による電子データ化及び電子書籍化は，いかなる場合も認められません。

© 2017　Hitoshi Ikeda
Printed in Japan

ISBN978-4-425-88681-4

BOTTLIUM 2 ボトリウム
ひとり暮らしの小さな小さな水族館。
田畑哲生［著］

ワンルームでもOK。リビング、寝室、キッチンに飾って楽しめる自作型室内アクアリウムを紹介する第二弾。百均で材料調達が可能なお手軽さ。

A4変形判／84p／定価 本体1,500円

ベルソーブックス041
アオリイカの秘密にせまる
上田幸男・海野徹也［共著］

その生物学的な知識から説き起こし、エギング、ヤエン釣りなどで人気のアオリイカ釣りに役立つ情報や美味しく食するためのコツまでを解説。

四六判／232p／定価 本体1,800円

BOTTLIUM ボトリウム
手のひらサイズの小さな水槽。
田畑哲生［著］

食器や花瓶を利用し、水草や石をレイアウトするだけのお手軽新感覚アクアリウム。「箱庭水族館」の世界へいざ！

A4変形判／84p／定価 本体1,500円

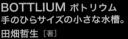

The Shell 綺麗で希少な貝類コレクション303
真鶴町立遠藤貝類博物館［著］

4,500種 50,000点。至高の収蔵品の中から厳選した国内有数の貝類コレクションをすべて撮り下ろしたフルカラーの美麗な写真集。

A4変形判／132p／定価 本体2,700円

世界に一つだけの
深海水族館
沼津港深海水族館 館長
石垣幸二［監修］

水深2,000mを誇る、日本一深い駿河湾に面した水族館の魅力を余すところなく詰め込んだ、深海生物とシーラカンスの写真集。

B5判／144p／定価 本体2,000円

魅惑の貝がらアート
セーラーズバレンタイン
飯室はつえ［著］

アメリカ東海岸で最も古い歴史を持つアメリカ独自の貝がらで作る伝統美術工芸。この魅力を余すことなく伝える日本で初めての書籍。

B5判／82p／定価 本体2,200円

磯で観察しながら見られる水に強い本！
海辺の生きもの図鑑
千葉県立中央博物館 分館
海の博物館［監修］

潮間帯に暮らす海の生きもの300種を掲載。水に強いはつ水用紙を使用しているので、実際のフィールドで使えるフルカラーハンドブック。

新書判／144p／定価 本体1,400円

島の博物事典
加藤庸二［著］

フルカラー、掲載写真2,000点以上、904項目を掲載した日本随一の「島」の事典。歴史、文化、地理、伝説、動植物まであらゆる事柄を掲載。

A5判／688p／定価 本体5,000円

※定価はすべて税別です。

成山堂書店の刊行案内